海南农业气候资源与主要作物区划

陈小敏　邹海平　张京红　刘少军　蔡大鑫 等 **编著**

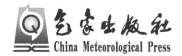

China Meteorological Press

内 容 简 介

海南省是我国重要的热带水果、热带经济作物、冬季瓜菜和南繁水稻农业基地,得天独厚的光、热、水等农业气候资源,为发展热带大农业、建立具有海南特色的经济结构提供了良好的基础和先决条件。其中,芒果、香蕉和荔枝为海南省热带果树种植面积排名三甲,而热带经济作物中的"三棵树"(橡胶树、槟榔树和椰子树)更是海南省农村经济的最重要的支柱产业之一。本书归纳了作者近几年有关海南农业气候资源变化及主要种植农作物的典型灾害区划和种植气候区划的研究成果,以期为海南农业健康稳定发展、科学应对气候变化提供科技支撑。

图书在版编目(CIP)数据

海南农业气候资源与主要作物区划 / 陈小敏等编著
. — 北京 : 气象出版社,2020.12
ISBN 978-7-5029-7355-1

Ⅰ.①海… Ⅱ.①陈… Ⅲ.①农业气象-气候资源-研究-海南②作物-农业区划-研究-海南 Ⅳ.①S162.226.6②S501.926.6

中国版本图书馆 CIP 数据核字(2020)第 255569 号

海南农业气候资源与主要作物区划
Hainan Nongye Qihou Ziyuan yu Zhuyao Zuowu Quhua

出版发行:气象出版社				
地　　址:北京市海淀区中关村南大街 46 号		**邮政编码**:100081		
电　　话:010-68407112(总编室)　010-68408042(发行部)				
网　　址:http://www.qxcbs.com		**E-mail**:qxcbs@cma.gov.cn		
责任编辑:张　媛		**终　　审**:吴晓鹏		
责任校对:张硕杰		**责任技编**:赵相宁		
封面设计:地大彩印设计中心				
印　　刷:北京建宏印刷有限公司				
开　　本:710 mm×1000 mm　1/16		**印　　张**:8		
字　　数:160 千字				
版　　次:2020 年 12 月第 1 版		**印　　次**:2020 年 12 月第 1 次印刷		
定　　价:60.00 元				

前　言

海南省是我国重要的热带水果、橡胶、冬季瓜菜和南繁水稻农业基地,得天独厚的光、热、水等农业气候资源,为发展热带大农业、建立具有海南特色的经济结构提供了良好的基础和先决条件。最近几十年,海南省的光、热、水等农业气候资源发生了一定的变化,势必引起海南省农作物的农业气象灾害和种植气候适宜性发生变化,进而影响到农作物的种植结构和布局。因此,了解气候变化背景下海南省农业气候资源的变化及其对农业生产带来的影响非常有必要。本书归纳了作者 2010 年以来有关海南农业气候资源变化及主要种植农作物的典型灾害区划和种植气候区划的研究成果,以期为海南农业健康稳定发展、科学应对气候变化提供科技支撑。

本书得到国家自然科学基金项目"气候变化背景下中国天然橡胶种植的气候适宜区变化格局及其对橡胶产量影响机制研究"(41765007)、国家重点研发计划课题"热带与特色林果气象灾害监测预警技术与业务平台"(2019YFD1002203)、国家自然科学基金项目"海南主要热带水果寒害风险管理在农业保险中的应用"(41175096)、国家自然科学基金项目"基于 HWIND 和 GALES 的海南橡胶林台风定损评估模型"(41465005)、海南省自然科学基金项目"海南岛参考作物蒸散量时空变化特征与成因分析"(417300)、海南省自然科学基金项目"海南新优水果的主要气象灾害研究－以莲雾为例"(20154185)、海南省气象局科技创新项目"近 50 年海南岛农业气候资源时空变化特征分析"(HN2013MS12)、海南省南海气象防灾减灾重点实验室开放基金课题"基于气候适宜度的橡胶产量预报研究"(SCSF201808)等的资助。本书是以上科研项目课题成果的集成,大部分内容是作者在已发表论文的基础上整理归纳而成,是一系列研究成果的系统化总结。

全书共 7 章,第 1 章由邹海平、刘少军、张京红和陈小敏执笔;第 2 章由邹海平、陈小敏、张京红、白蕤、陈汇林执笔;第 3 章由蔡大鑫、陈小敏、张京红、刘少军执笔;第 4 章由蔡大鑫、邹海平、陈小敏、张京红、刘少军执笔;第 5 章由蔡大鑫、张京红、吕润、陈小敏执笔;第 6 章由陈小敏、邹海平、李伟光、陈汇林执笔;第 7 章由陈小敏、邹海平、刘少军、田光辉、李伟光执笔。全书由陈小敏、邹海平统稿。

本书在编写过程中得到了海南省气象局和海南省南海气象防灾减灾重点实验室的关心与指导,同时得到了项目承担单位海南省气象科学研究所的大力支持,一并表示感谢!

由于作者水平有限,书中难免存在不足之处,恳请专家、读者批评指正。

作者

2020 年 5 月

目　录

第1章　海南气候概况与主要热带作物

1.1　海南气候概况

　　海南省位于南海北部,地处北纬 3°20′～ 20°18′、东经 107°50′～ 119°10′,包括海南岛、三沙岛礁及其海域,陆地总面积为 3.54 万 km²,属于热带季风海洋性气候,拥有丰富的光、热、水等农业气候资源(王春乙,2014)。

　　温度　海南地处热带,冬无严寒,年平均气温为 23.1～27.0 ℃,呈中间低、四周高的环状分布。春季(3—5 月)、夏季(6—8 月)、秋季(9—11 月)、冬季(12 月至次年 2 月)平均气温分别为 24.2 ～ 27.6 ℃、26.1 ～ 29.1 ℃、23.2 ～ 27.2 ℃、18.1 ～ 24.0 ℃,冬季最冷,夏季最热。最冷月为 1 月,平均气温为 17.4～23.5 ℃,最热月一般为 6 月(北部多为 7 月),平均气温为 26.4～29.6 ℃。年极端最高气温和年极端最低气温分别为 34.9～41.1 ℃ 和－1.4～15.3 ℃,分别出现在北部内陆和中部山区。海南≥15 ℃ 和≥20 ℃ 年积温分别为 6685～9775 ℃ · d 和 5372～9775 ℃ · d。

　　降水　海南年降水量为 940.8～2388.2 mm,大致呈由东往西逐渐减少的分布。四季降水量差异显著,春、夏、秋、冬四季平均降水量分别为 328.1 mm、698.1 mm、672.5 mm、91.4 mm,占年降水量的比例分别为 18.3％、39.0％、37.6％、5.1％。干季和湿季分明,雨季一般出现在 5—10 月,干季在 11 月至次年 4 月,占年降水量的比例分别为 80.4％～90.5％ 和 9.5％～19.6％。

　　光照　海南年日照时数为 1827.6～2810.6 h,大致呈由东北向西南增加的分布。春、夏、秋、冬四季日照时数分别为 462.1～830.9 h、514.4～778.1 h、384.1～630.6 h、292.7～598.0 h。日照百分率为 40.6％～62.1％,与年日照时数的空间分布相似。海南年太阳总辐射为 4971～6378 MJ · m⁻²,平均为 5473 MJ · m⁻²,春、夏、秋、冬四季分别为 1838 MJ · m⁻²、1816 MJ · m⁻²、1450 MJ · m⁻²、1273 MJ · m⁻²。

1.2　海南主要气象灾害

　　影响海南的气象灾害主要包括:热带气旋、暴雨、干旱、低温冷害(含低温阴雨、清明风、寒露风)、局地强对流天气(含雷暴、冰雹、龙卷风)等(温克刚 等,2008)。

　　热带气旋　热带气旋是影响海南最主要的气象灾害,一年四季均可影响海南,年平均影响个数为 7～8 个。主要影响期为 6—10 月,影响个数占全年总数的 90%,8 月、9 月达到影响盛期。每年登陆海南的热带气旋平均为 2～3 个。登陆热带气旋从 4 月持续到 11 月,主要影响期也为 6—10 月,登陆个数占全年总数的 90%,8 月、9 月 也为登陆高峰月。

暴雨　海南暴雨概率高、强度强,年平均暴雨日数为 4.7～10.8 d,大暴雨(100.0 mm ≤日雨量<250.0 mm)和特大暴雨(日雨量≥250.0 mm)的日数分别占暴雨总日数的 24.7% 和 2.6%。暴雨主要出现在 5—10 月,约占全年暴雨日数的 85.7%。

干旱　干旱是海南出现较多,影响范围最广、持续时间最长的灾害性天气。一年 四季均有发生,以冬春旱为主,主要发生在 11 月至次年 4 月。

低温冷害　海南低温阴雨主要出现在 12 月至次年 2 月,平均每年出现 2.1 次; 清明风是海南特有的早稻抽穗杨花期可能遇到的低温冷害,主要发生在 3 月下旬至 4 月中旬,海南平均每年有 1.0 次清明风;寒露风主要发生在 9 月下旬至 10 月中旬, 对晚稻的孕穗、抽穗有较大的危害,平均每年出现 1.2 次。

局地强对流天气　海南是雷暴高发区,年平均雷暴日数为 59～119 d,主要发生 在 4—10 月;海南出现冰雹的概率较低,北部年平均为 0.1～0.4 次,其余地区基本不 出现;龙卷风发生概率极低,主要发生在海南北部和西部。

1.3　海南主要热带作物

海南是我国重要的热带水果、橡胶、冬季瓜菜和南繁水稻的农业基地。2018 年 海南芒果、香蕉、荔枝种植面积分别为 56687 hm²、34759 hm²、20423 hm²,在海南省 热带水果种植面积中排名前三;2018 年海南热带作物种植面积排名前三的作物分别 为橡胶树、槟榔树和椰子树,种植面积分别为 528351 hm²、109950 hm² 和 34396 hm² (海南省统计局 等,2019);海南冬种瓜菜面积由 20 世纪 80 年代的 1.3 万 hm² 发展 到 2019 年的 20 万 hm² 左右,2019 年的出省量在 350 万 t 以上,在全国冬季瓜菜市 场上发挥了不可替代的作用;海南南繁制种水稻已有 40 多年的历史,20 世纪 90 年 代以来,制种面积每年在 10 万亩[①]左右,2016 年达到 12 万亩,约占全国南繁制种总 面积的 90%,为保障国家粮食安全做出了突出贡献(吕青 等,2017)。

----

①　1 亩＝1/15 hm²,下同。

第 2 章　海南气候资源时空变化特征

2.1　海南农业气候资源时空变化特征

气候变化是全球性普遍关注的问题。联合国政府间气候变化专门委员会(Inter-governmental Panel on Climate Change,IPCC)第四次评估报告指出,近百年来全球气候系统正经历着以全球变暖为主要特征的显著变化,1906—2005 年全球地表平均温度升高 0.74 ℃(0.56～0.92 ℃)(IPCC,2007)。中国是全球气候变暖最显著的国家之一,1952—2001 年增暖尤其明显,全国年平均地表温度增加 1.1 ℃,增温速率为 0.22 ℃·(10a)$^{-1}$,明显高于全球或北半球同期平均增温速率(丁一汇 等,2006)。农业生产的稳定发展受到气候变化的严重制约,是对气候变化最为敏感的领域之一(《第二次气候变化国家评估报告》编写委员会,2011),而农业气候资源是农业生产的基本环境条件和物质能源,直接影响农业生产过程,并在一定程度上决定了一个地区农业生产结构和布局、作物种类和品种、种植方式、栽培管理措施和耕作制度等,最终影响农业产量的高低和农产品质量的优劣(廖玉芳 等,2012;于沪宁 等,1985)。因此,了解气候变化对农业气候资源的影响,从而分析农业生产中可能发生的各种变化及后果,是研究气候变化影响农业生产的首要问题(袁海燕 等,2011)。海南岛是中国最具代表性且面积最大的热带地区,得天独厚的光、热、水等农业气候资源与土地资源,为发展热带大农业、建立具有海南特色的经济结构提供了良好的基础和先决条件(高素华 等,1988)。因此,了解气候变化对海南岛农业气候资源的影响对于海南岛乃至全国热带农业发展具有重大意义。

国内学者对海南岛气候要素变化规律进行了诸多研究,但其所用气象资料站点数较少且气象资料大多截至 2002 年,研究内容多集中在年和四季的温度、降水和日照变化(陈小丽 等,2004;许格希 等,2013;何春生,2004;陈小敏 等,2014b),关于作物生长期的农业气候资源方面的研究则少见报道,李勇等(2010a)利用 1961—2007 年气象资料分析了华南地区≥10 ℃生长期内日照、降水、潜在蒸散量和湿润指数的时空变化特征,且将 1961—2007 年划分为 1961—1980 和 1981—2007 年两个时段进行分析。但实际上海南岛几乎所有市(县)全年稳定通过 10 ℃,年和≥10 ℃生长期内的农业气候资源差别很小,15 ℃是喜温作物积极生长的起始温度,也是热带作物组织分化的界限温度,20 ℃是热带作物生长的起始温度(邓先瑞 等,1995),故研究≥15 ℃、20 ℃界限温度生长期间的农业气候资源更具有实际意义。此外,李勇等 (2010a)研究的区域是宏观尺度上的华南地区,选用的海南气象站点只有 7 个,在揭 示海南农业气候资源规律方面不够细致。因此,利用海南岛 18 个气象台站的地面观 测资料,结合海南岛 20 世纪 80 年代温度开始突变(陈小丽 等,2004)这一特征,以 1981 年为界,比较分析 1961—1980 年(时段Ⅰ)和 1981—2010 年(时段Ⅱ)两个时段 下与当地农业生产密切相关的年平均气温、1 月平均气温、≥10℃积温及全年、 ≥15℃、≥20℃界限温度生长期间该区域的热量、光照和水分的时空变化特征,可以 为海南岛充分利用农业气候资源、指导农业生产和制定应对气候变化对策提供依据。

2.1.1　研究方法

1)≥10 ℃、≥15 ℃、≥20 ℃界限温度生长期间的确定

由于海南岛主要以温带作物和热带作物种植为主,其生物学下限温度主要为 10 ℃、15 ℃、20 ℃(邓先瑞 等,1995),因此,对≥10 ℃、≥15 ℃、≥20 ℃界限温度生 长期间的农业气候资源进行分析。界限温度的起止日期采用 5 日滑动平均法确定 (曲曼丽,1991)。

2)温度的高度订正

研究表明,海拔高度是影响海南岛气温的主要因素(张莉莉,2012)。因此,采用 气温垂直递减法对年平均气温、1 月平均气温和≥10 ℃、≥15 ℃、≥20 ℃积温进行 海拔高度订正(代淑玮 等,2011;徐华军 等,2011)。

3)湿润指数的计算

湿润指数是表示某一地区干湿状况的指标,常用降水量与参考作物蒸散量之比 来表示(赵俊芳,2010),即

$$W_i = P_i/ET_{0i} \tag{2-1}$$

式中,i 为时段;W_i 为某一时段的湿润指数;P_i 和 ET_{0i} 分别为对应时段的降水量和 参考作物蒸散量,后者采用联合国粮食及农业组织(Food and Agriculture Organiza- tion of the United Nations,FAO)1998 年推荐的彭曼—蒙特斯(Penman-Monteith) 公式(Allen et al.,1998)计算。

2.1.2　结果与分析

2.1.2.1　海南岛热量资源的变化特征

1)平均气温

由图 2-1a1、a2 可以看出,两个分析时段内海南岛年平均气温均大致呈由中部向 沿海递增的趋势,这主要是由海南岛中央高、四周低的环形层状地貌(高素华 等, 1988)所致。全岛年平均气温时段Ⅰ(1961—1980 年)为 23.8 ℃,时段Ⅱ(1981—2010 年)为 24.4 ℃,升高了 0.6 ℃。由图 2-1a3 可见,整个分析期内海南岛年平均气温呈升 高的趋势,全岛各站增温率在 0.15~0.35 ℃·(10a)⁻¹,平均为 0.26 ℃·(10a)⁻¹,略低

于 0.27 ℃·(10a)$^{-1}$的全国平均水平(胡琦 等,2014),且所有站点均达显著水平(P<0.05)。从各站年平均气温的气候倾向率看,总体呈现由南向北递减的态势,但北部的海口市情形相反且其气候倾向率为全岛最高,原因是海口市热岛效应明显(吴胜安 等,2013)。

据研究,22 ℃是椰子、槟榔和可可生长发育要求的年平均气温下限(王利溥,1995;谢碧霞 等,1995;朱自慧,2003),与时段Ⅰ相比(图 2-1a1),时段Ⅱ≤22 ℃的区域面积减少了 1568 km^2(图 2-1a2)。23 ℃是橡胶生长发育的适宜年平均气温下限(高素华 等,1988),时段Ⅱ与时段Ⅰ相比,岛上>23 ℃的区域面积增加了 3023 km^2,增加的区域主要在中部山区(图 2-1a2)。24 ℃为可可、腰果、油棕、槟榔、椰子等热带作物生长发育的适宜年平均气温下限(高素华 等,1988;谢碧霞 等,1995;肖敏源,1963;赵丽 等,2012;黄汉驹 等,2013),时段Ⅱ与时段Ⅰ相比,岛上>24 ℃的区域面积增加了 11858 km^2,增加的区域主要集中在北部市(县)。

1 月是海南岛最冷月(高素华 等,1988),其空间分布特征与年平均气温类似。时段Ⅱ内(图 2-1b2)岛上 1 月平均气温为 18.8 ℃,比时段Ⅰ(图 2-1b1)升高了0.8 ℃。由图 2-1b3 可见,整个分析期全岛各站 1 月平均气温也呈升高趋势,平均每10 年上升 0.36 ℃,仅定安县、澄迈县和昌江县未达显著水平,中部和西南部地区较高,北部(除海口北部)、西部和东南部地区相对偏低。据研究,月平均气温低于 18 ℃会对椰子、腰果、油棕等热带作物的生长发育造成一定的负面影响(高素华 等,1988;赵丽 等,2012),图 2-1b1 和图 2-1b2 显示,时段Ⅱ与时段Ⅰ相比,岛上 1 月平均气温≤18 ℃的区域面积减少了 10472 km^2,减少的区域主要是北部地区;而>19 ℃和>20 ℃的面积分别增加了 5476 km^{2}和 2203 km^2,增加的区域分别主要集中在西部、东部地区和南部地区。

2)≥10 ℃、≥15 ℃、≥20 ℃积温

两个分析时段内海南岛≥10 ℃、≥15 ℃、≥20 ℃积温均表现为由中部向沿海逐步递增的趋势,最低值均出现在琼中县,最高值均出现在三亚市。时段Ⅰ(图 2-1c1、d1、e1)和时段Ⅱ(图 2-1c2、d2、e2)内全岛各站≥10 ℃、≥15 ℃、≥20 ℃积温均值分别为 8673.4 ℃·d,8054.0 ℃·d,6574.6 ℃·d 和 8903.6 ℃·d,8330.5 ℃·d,6878.5 ℃·d,时段Ⅱ较时段Ⅰ分别平均增加了 230.2 ℃·d、276.5 ℃·d、303.9 ℃·d。图2-1c3、d3、e3 显示,整个分析期内海南岛各站≥10 ℃、≥15 ℃、≥20 ℃积温均呈增加趋势,气候倾向率大致由南往北减少,均值分别为 94.4 ℃·d·(10a)$^{-1}$、130.1 ℃·d·(10a)$^{-1}$、147.4 ℃·d·(10a)$^{-1}$,≥10 ℃积温所有站点均达显著水平,≥15 ℃积温仅澄迈县、文昌市和定安未达显著水平,≥20 ℃积温仅澄迈县、屯昌县和定安未达显著水平。与时段Ⅰ(图 2-1c1)相比,时段Ⅱ≥10 ℃积温≤8800 ℃·d 的区域面积明显减少,>8800 ℃·d 的面积明显增加(图 2-1c2)。≥10 ℃积温在 8500 ℃·d 以上能种植橡胶、咖啡、可可等热带经济作物(高素华,1982),时段Ⅱ较时段Ⅰ≥10 ℃积温≤8500 ℃·d 的

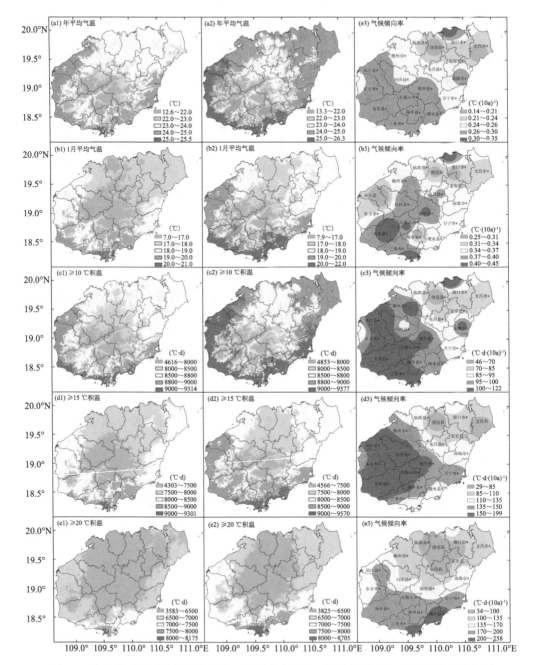

图 2-1　海南岛不同时段年平均气温、1月平均气温和不同积温及其气候倾向率的分布图

注：第 1 列为 1961—1980 年，第 2 列为 1981—2010 年，第 3 列为 1961—2010 年，下同

区域面积减少了 5390 km²。≥10 ℃积温为 9000 ℃・d 是划分中热带的主要指标之一(郑景云 等,2010),时段Ⅱ较时段Ⅰ≥10 ℃积温>9000 ℃・d 的区域面积增加了 5783 km²,增加区域主要为西部和东部沿海地区。≥15 ℃积温在 8000 ℃・d 以上时橡胶生长迅速,定植后 6～7 年可开割,时段Ⅱ(图 2-1d2)较时段Ⅰ(图 2-1d1)≤8000 ℃・d 的区域面积减少了 7481 km²,而>8500 ℃・d 的区域面积增加了 5518 km²。与时段Ⅰ相比(图 2-1e1),时段Ⅱ≥20 ℃积温≤6500 ℃・d 的区域面积减少了 7961 km²,>7000 ℃・d 的面积增加了 6267 km²(图 2-1e2)。

2.1.2.2　日照资源的变化特征

1)年日照时数

时段Ⅱ(图 2-2a2)内海南岛各站年日照时数在 1756～2552 h,均值为 2038 h,比时段Ⅰ(图 2-2a1)下降了 117 h,高值区(>2200 h)不断缩小,低值区(≤2000 h)不断向东北推进。由图 2-2a3 可见,整个分析期内海南岛各站年日照时数气候倾向率为 −124～45 h・(10a)⁻¹,平均为 −52 h・(10a)⁻¹,接近 −45 h・(10a)⁻¹ 的全国均值(矫梅燕,2014),仅中部的白沙县、琼中县和五指山市的年日照时数气候倾向率为正值,其他地区在 0～−124 h・(10a)⁻¹,其中有 13 个站点年日照时数显著减少,气候倾向率≤−60 h・(10a)⁻¹ 的区域主要位于北部、东部沿海地区和南部小部分地区。与时段Ⅰ相比(图 2-2a1),时段Ⅱ年日照时数≤2000 h 的区域面积增加了 13999 km²,增加的区域主要在北部和东部;而 2000～2200 h、2200～2300 h、>2300 h 的区域面积分别减少了 8833 km²、2565 km²、2601 km²(图 2-2a2)。

2)≥15 ℃、≥20 ℃界限温度生长期间日照时数

时段Ⅱ≥15 ℃、≥20 ℃界限温度生长期间(图 2-2b2、c2)的日照时数均值分别为 1921 h、1609 h,比时段Ⅰ(图 2-2b1、c1)分别减少了 86 h、47 h,高值区(>2000 h、>1700 h)不断缩小,低值区(≤1900 h、≤1600 h)不断向东北推进。图 2-2b3、c3 显示,海南岛各站≥15 ℃、20 ℃界限温度生长期间的日照时数气候倾向率均值分别为 −37 h・(10a)⁻¹、19 h・(10a)⁻¹,前者气候倾向率为正值的站点与年日照时数一致,后者较前者增加了昌江县和东方市,且二者日照时数减少显著的站点分别有 10 个和 6 个,前者主要位于北部、东部和南部,后者主要位于北部。与时段Ⅰ相比(图 2-2b1、c1),时段Ⅱ≥15 ℃界限温度生长期间(图 2-2b2)≤1900 h、≥20 ℃界限温度生长期间(图 2-2c2)≤1600 h 的区域面积分别增加 9647 km²、6972 km²,增加的区域主要在北部和东部,>2000 h、>1700 h 的区域面积分别减少 4274 km²、2223 km²。

3)1—2 月日照百分率

时段Ⅱ(图 2-3a2)内海南岛各站 1—2 月日照百分率在 28.5%～51.2%,均值为 38.2%,比时段Ⅰ(图 2-3a1)下降了 2.2%,高值区(>45%)不断缩小,低值区(≤34.0%)不断向东北扩大。由图 2-3a3 可见,整个分析期内海南岛各站 1—2 月日照百分率气候倾向率为每 10 年 −2.77%～1.15%,平均为 −0.90%・(10a)⁻¹,仅西

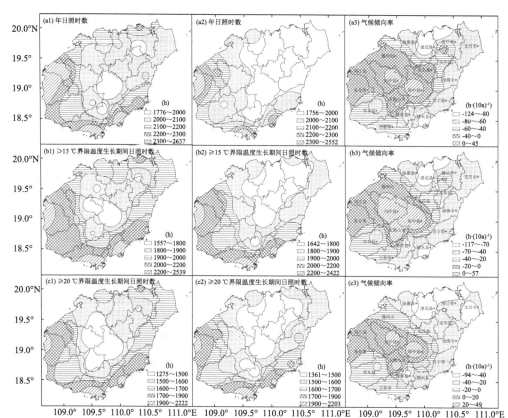

图 2-2　海南岛年、≥15 ℃、≥20 ℃界限温度生长期间日照时数及其气候倾向率的分布图

部的昌江县和中部的白沙县、琼中县、五指山市 4 个市（县）的 1—2 月日照百分率气候倾向率为正值，其他地区为负值，其中有 6 个站点 1—2 月日照百分率减少显著，为澄迈县、海口市、文昌市、琼海市、陵水县和三亚市，主要位于北部、东北部和东南部沿海地区。与时段Ⅰ相比（图 2-3a1），时段Ⅱ 1—2 月日照百分率≤34.0％的区域面积增加了 8242 km²，增加的区域主要在东北部；而＞45％的区域面积减少了 5495 km²，减少的区域主要在西南部（图 2-3a2）。

图 2-3　海南岛 1—2 月日照百分率及其气候倾向率的分布图

2.1.2.3　降水资源的变化特征

1)年降水量

由图 2-4a1、a2 可以看出,两个分析时段内海南岛年降水量大致呈经向分布,由东往西逐渐降低。时段Ⅰ(图 2-4a1)和Ⅱ(图 2-4a2)全岛各站年降水量分别为 980～2422 mm 和 949～2389 mm,时段Ⅱ均值较时段Ⅰ增加 67 mm,高值区(＞1800 mm)不断往西、北和南扩大,低值区(≤1500 mm)略微有所缩小。由图 2-4a3 可见,整个分析期内海南岛各站年降水量气候倾向率为 −8～100 mm·(10a)$^{-1}$,平均为 40 mm·(10a)$^{-1}$,明显高于 0.3 mm·(10a)$^{-1}$ 的全国平均值(矫梅燕,2014),仅中部的琼中县气候倾向率为负值,其余地区在 0～100 mm·(10a)$^{-1}$,其中,文昌市和三亚市年降水量增加显著。与时段Ⅰ相比(图 2-4a1),时段Ⅱ＞2000 mm、1800～2000 mm 的区域面积分别增加了 3279 km^2、1482 km^2,1500～1800 mm 的区域面积减少了 3951 km^2(图2-4a2)。

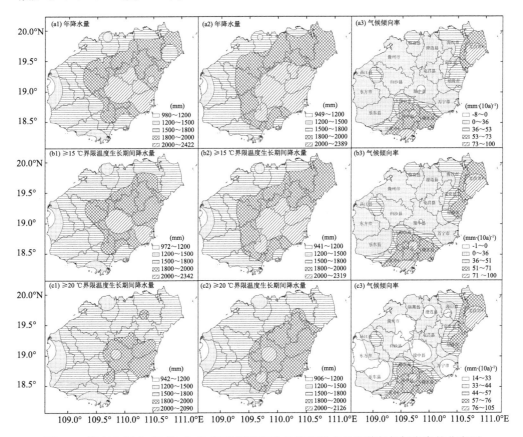

图 2-4　海南岛年、≥15 ℃、≥20 ℃界限温度生长期间降水量及其气候倾向率的分布图

2)≥15 ℃、≥20 ℃界限温度生长期间降水量

≥15 ℃、≥20 ℃界限温度生长期间的降水量的分布状况及变化趋势与年降水量类似,时段Ⅱ(图 2-4b2、c2)均值较时段Ⅰ(图 2-4b1、c1)分别增加了 66 mm、74 mm,气候倾向率均值分别为 41 mm·(10a)⁻¹、47 mm·(10a)⁻¹,也仅文昌市和三亚市年降水量增加显著。与时段Ⅰ相比(图 2-4b1、c1),时段Ⅱ≥15 ℃、≥20 ℃界限温度生长期间>1800 mm 的区域面积分别增加了 5507 km²、5375 km²,1500~1800 mm 的区域面积分别减少 4643 km²、3910 km²(图 2-4b2、c2)。

2.1.2.4 湿润指数的变化特征

1)年湿润指数

由图 2-5a1、a2 可看出,海南岛年湿润指数的空间分布及变化趋势与年降水量较为相似。时段Ⅰ(图 2-5a1)和Ⅱ(图 2-5a2)年湿润指数均值分别为 1.47 和 1.56,时段Ⅱ均值较时段Ⅰ增加了 0.09。图 2-5a3 显示,整个分析期内海南岛各站年湿润指数的气候倾向率为每 10 年−0.04~0.12,均值为每 10 年 0.04,说明海南岛呈变湿

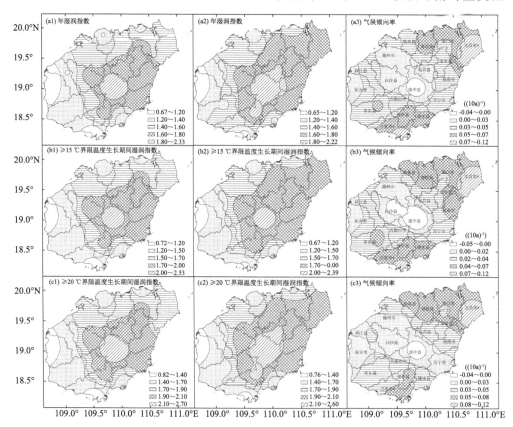

图 2-5 海南岛年、≥15 ℃、≥20 ℃界限温度生长期间湿润指数及其气候倾向率的分布图

趋势。年湿润指数气候倾向率为负值的区域仅为中部的琼中县,其余地区为每 10 年 0～0.12,其中,仅澄迈县、文昌市和三亚市增加显著。与时段 I 相比(图 2-5a1),时段 II>1.80、1.60～1.80 的区域面积分别增加了约 1887 km² 、4483 km² ,≤1.20 和 1.20～1.40 的区域面积分别减少了 972 km² 、3008 km²(图 2-5a2),说明海南岛年湿润指数的高值区在扩大,低值区在缩小。

2)≥15 ℃、≥20 ℃界限温度生长期间湿润指数

整个分析期内≥15 ℃、≥20 ℃界限温度生长期间湿润指数的分布状况及变化趋势与年湿润指数变化类似(图 2-5b、c)。略不同之处是,≥15 ℃界限温度生长期间(图 2-5b3)湿润指数气候倾向率为负值的区域包括琼中县和白沙县,东方市≥15 ℃、20 ℃界限温度生长期间(图 2-5b3、c3)湿润指数的气候倾向率均为 0 。

2.1.3　结论与讨论

基于 18 个气象站 1961—2010 年逐日气象资料的分析结果表明,海南岛的年平均气温、1 月平均气温、≥10 ℃积温及年、≥15 ℃、≥20 ℃界限温度生长期间的积温、日照、降水和湿润指数等农业气候资源指标的时空分布发生了明显的变化。

(1)1961—2010 年,海南岛各站年平均气温和 1 月平均气温均呈上升趋势,气候倾向率均值分别为 0.26 ℃ • (10a)⁻¹、0.36 ℃ • (10a)⁻¹,绝大部分站点增温显著。各站≥10 ℃、≥15 ℃、≥20 ℃积温也均呈增加趋势,气候倾向率均值分别为 94.4 ℃ • d • (10a)⁻¹、130.1 ℃ • d • (10a)⁻¹、147.4 ℃ • d • (10a)⁻¹,绝大部分站点达到显著水平。与时段 I(1961—1980 年)相比,时段 II(1981—2010 年)适宜热带作物种植的面积在扩大、不适其种植的面积在缩小,与陶忠良(1997)、李勇等(2010a)研究结论一致。有研究表明,海南岛冬季平均气温与早稻产量呈正相关(陈统强,2006),气温在 20 ℃以下会影响冬季瓜菜生长(周鹏 等,2013),因此,海南岛冬季(1月)平均气温总体显著升高对早稻和冬季瓜菜有利;对于多年生热带作物而言,冬季平均气温升高可延长其生长季,从而增加产量,以橡胶生产为例,其开割时间、割刀次数会随气温升高而分别延长和增加。但对于需要一段时间低温才能进行花芽分化的荔枝、龙眼等果树而言,冬季变暖将妨碍其花芽分化和花穗抽生,出现"冲梢"现象,造成结果少、品质差,影响产量和质量。另一方面,冬季平均气温升高也有利于病虫害(矫梅燕,2014)的发展,因此,海南岛冬季露天栽培作物的生产需要加强病虫害防治。

(2)1961—2010 年,海南岛各站年、≥15 ℃、≥20 ℃界限温度生长期间日照时数的气候倾向率均值分别为－52 h • (10a)⁻¹、－37 h • (10a)⁻¹、－19 h • (10a)⁻¹,绝大部分站点呈减少趋势,减少显著的站点所占比例分别为 72%、56%和 33%,前二者主要分布在北部、东部和南部沿海市(县),后者主要分布在北部市(县)。年和≥15 ℃界限温度生长期间日照时数呈增加趋势的地区位于中部,≥20 ℃界限温度生长期间位于中部和西部,与陈小敏等(2014b)、李勇等(2010a)研究结果较一致。据研究,海南岛日照时数普遍减少与低云量的增加关系密切(陈小敏 等,2014b)。与时段 I 相

比,时段Ⅱ年日照时数≤2000 h、≥15 ℃、≥20 ℃界限温度生长期间日照时数(≤1900 h、≤1600 h)的低值区分别明显扩大 13999 km²、9647 km²、6972 km²;而相应的高值区在缩小。北部、东部、南部和西部地区≥15 ℃界限温度生长期间日照时数减少及北部、东部和南部地区≥20 ℃界限温度生长期间日照时数减少,可能导致相应地区作物光合速率降低、作物吸收的光合能量减少、光合产物减少,并最终影响作物生产潜力和产量(代淑玮 等,2011)。海南岛北部和东部地区≥15 ℃、≥20 ℃界限温度生长期间日照时数的减少使原本日照资源不丰富的情况进一步变差,但对原本日照时数为低值区的中部地区而言其情况因日照时数的增加而有所改善。

研究期间,海南岛各站 1—2 月日照百分率气候倾向率均值为−0.90% · (10a)⁻¹,78%的站点呈降低趋势,33%的站点减少显著,主要位于北部、东北部和东南部沿海地区。与时段Ⅰ相比,时段Ⅱ1—2 月日照百分率高值区在缩小、低值区在扩大。1—2 月日照百分率降低,将对荔枝、龙眼等果树的开花结果,以及处于生产高峰期的冬季瓜菜的光合产物的积累和早稻的秧苗生长造成不利的影响。

(3)研究期间,海南岛各站年、≥15 ℃、≥ 20 ℃界限温度生长期间降水量的气候倾向率均值分别为 40 mm · (10a)⁻¹、41 mm · (10a)⁻¹、47 mm · (10a)⁻¹,绝大多数站点呈略微增加趋势,仅文昌市和三亚市增加显著,与陈小丽等(2004)、吴岩峻(2008)等研究结果一致。文昌市和三亚市降水量增加显著可能与当地热带辐合带降水量和热带气旋降水量增加有关(吴岩峻,2008)。李勇等(2010a)认为,海南岛琼中县至东北角一带年降水量呈减少趋势,与本研究结果有差异,原因是其研究中琼中县至东北角一带年降水量气候倾向率的空间分布是由海口市和琼中县 2 市(县)的年降水量气候倾向率插值所得,而 1961—2007 年 2 市(县)年降水量的气候倾向率均为负值,分别为−17 mm · (10a)⁻¹、−9 mm · (10a)⁻¹,可见该差异主要是由所用资料的年代和所用的气象站点不同所致。与时段Ⅰ相比,时段Ⅱ年、≥15 ℃、≥20 ℃界限温度生长期间降水量高值区明显扩大、低值区稍微缩小,降水量丰富的东北角、东南角和东部小部分地区暴雨、洪涝将更加频繁,给农业生产造成损失,吴岩峻(2008)、杨馥祯等(2007)研究也得到一致结论。而对降水量为低值区的地区(昌江县至三亚市一带),降水的增加有利于满足作物的水分需求,但同时需要注意极端强降水事件对作物的负面影响。

(4)研究期间,海南岛年、≥15 ℃、≥20 ℃界限温度生长期间内湿润指数分布状况及变化趋势与对应时期的降水量相似。李勇等(2010a)的研究表明,海南岛东北角的年湿润指数呈减少趋势,与本研究结果不同,可能是由本研究中东北角的年降水量呈增加趋势,而李勇等的研究中呈减少趋势所致。湿润指数的增加表明作物的需水得到更好的满足,对农业生产是有利的。湿润指数为低值区的西部、西南部和南部半干旱和半湿润地区(温克刚 等,2008)虽然湿润指数增加,但增加的幅度不大,气候倾向率普遍为每 10 年 0~0.03,因此,该地区的农业生产仍然需要加强农业灌溉设施建设,提高抗旱能力。

在分析农业气候资源变化对农业生产的影响时主要从单因子着手,而农作物的生产是由诸多气候因子综合作用的,因此,各地在根据气候变化调整农业产业结构时,还需因地制宜、综合利弊。此外,分析的农业气候资源主要涉及常规的光热水指标,而未涉及风、湿度、低温等其他因子,以后研究将不断完善改进。

2.2　海南参考作物蒸散量时空变化特征及成因分析

参考作物蒸散量(ET_0)是指水分供应不受限制时,某一参考下垫面蒸散到空气中的水量。FAO 将其定义为"假设作物高度为 0.12 m,冠层阻力固定为 70 s · m^{-1},反照率为 0.23 的参考冠层的蒸散,非常类似于高度一致、生长旺盛完全覆盖地面且水分供应充足的开阔绿色草地的蒸散"(Allen et al. ,1998)。2010 年以来,有关全球变化背景下不同地区 ET_0 变化特征及其成因受到国内外学者的广泛关注(郭春明等,2016;王琼 等,2013;姬兴杰 等,2013;王荣英 等,2013;普宗朝 等,2011;Gao et al. ,2006;Nandagiri et al. ,2006;李英杰 等,2016;环海军 等,2015;曹雯 等,2015;王鹏涛 等,2014;王晓东 等,2013;张勃 等,2013;马宁 等,2012;曹雯 等,2011;Yin et al. ,2010),其中很多学者(郭春明 等,2016;王琼 等,2013;姬兴杰 等,2013;王荣英等,2013;普宗朝 等,2011;Gao et al. ,2006;Nandagiri et al. ,2006)。采用趋势分析和相关分析法进行研究,该方法虽然能定性说明 ET_0 的变化与各气象因子的关系,但不能定量给出各气象因子的变化对 ET_0 的实际影响。近几年有学者(李英杰 等,2016;环海军 等,2015;曹雯 等,2015;王鹏涛 等,2014;王晓东 等,2013;张勃 等,2013;马宁 等,2012;曹雯 等,2011;Yin et al. ,2010)采用敏感系数和气象因子相对变化率相结合的方法,就各气象因子的变化对 ET_0 的定量影响进行初步探讨,结果表明,该方法可定量给出气象因子对 ET_0 变化的实际贡献,用于解释 ET_0 变化成因更具备合理性和可行性(张勃 等,2013)。

海南岛位于南海北部,面积约 3.4 万 km^2。海南岛是农业岛,是重要的冬季瓜菜、热带水果、天然橡胶生产基地和农作物种子南繁基地。农业是第一用水大户,用水量约占全岛总用水量的 80%,其中农田灌溉占总用水量的 66%,水田灌溉水的利用率仅 40%～50%(向晓明,2007),远低于发达国家。部分地区为解决水资源不足的问题,过度开采地下水,造成地下水位快速下降,形成巨大的地下水降落漏斗(向晓明,2007),对生态环境造成不利影响。作为农业生产的命脉,水资源能否得到科学配置和合理利用将直接影响海南岛农业的可持续发展。ET_0 是计算作物需水量、制定作物灌溉制度和区域水资源供需计划的基本依据(封志明 等,2004),同时也是水资源合理利用和评价研究中的重要内容之一(Gao et al. ,2006)。ET_0 仅受气象因子的影响(Allen et al. ,1998),有关海南岛气候变化的研究表明,过去的几十年里,全岛各地温度(陈小丽 等,2004)、风速(王春乙,2014;孙瑞 等,2016)、相对湿度(孙瑞 等,

2016)和日照(陈小敏 等,2014b)等气象要素均发生了不同程度的变化。而涉及海南岛 ET$_0$ 时空变化特征及成因的研究尺度为全国尺度(Yin et al.,2010),选用海南气象站点较少,得出的结论不够细致全面。本研究拟基于海南岛 18 个气象台站 1971—2011 年逐日气象资料,利用 Penman-Monteith 公式计算各站 ET$_0$,结合线性回归方法和 ArcGIS 反距离加权(Inverse Distance Weight,IDW)空间插值技术,分析海南岛年和四季 ET$_0$ 的时空变化特征,并采用敏感系数和气象因子相对变化率相结合的方法,对年和四季 ET$_0$ 变化成因进行定量分析,为当地农业灌溉和水利工程建设及水资源合理利用与评价等提供更全面的科学依据(马宁 等,2012)。

2.2.1　研究方法

1)ET$_0$ 的计算方法

采用 Penman-Monteith 公式(Allen et al.,1998)计算 ET$_0$,其中计算净辐射的经验系数 a 和 b 采用李艳兰等(2012)计算的海南逐月经验系数值,其余各项参数的计算均采用 FAO 推荐的标准。Penman-Monteith 公式为:

$$ET_0 = \frac{0.408\Delta(R_n - G) + \gamma\dfrac{900}{T+273}U_2(e_s - e_a)}{\Delta + \gamma(1 + 0.34U_2)} \qquad (2-2)$$

式中,Δ 为饱和水汽压与温度关系曲线斜率(单位:kPa·℃$^{-1}$),可由平均气温 T(单位:℃)得到;G 为土壤热通量密度(单位:MJ·m^{-2}·d^{-1}),计算步长为 1 d 的情况下,取值为 0;γ 为干湿常数(单位:kPa·℃$^{-1}$);U_2 为 2 m 高处的风速(单位:m·s^{-1}),可由 10 m 高处风速得出;e_s 为饱和水汽压(单位:kPa),可利用日最高气温和最低气温计算得出;e_a 为实际水汽压(单位:kPa);R_n 为到达作物表面的净辐射(单位:MJ·m^{-2}·d^{-1}),由净短波辐射(R_{ns})与净长波辐射(R_{nl})之差得到,R_{ns} 计算公式为:

$$R_{ns} = (1-\alpha)(a + b\frac{n}{N})R_a \qquad (2-3)$$

式中,α 是地表反照率,取值 0.23;a,b 是经验系数;n 是实际日照时数;N 是可照时数;R_a 是天文辐射。

2)气象因子对 ET$_0$ 的贡献率

气象因子对 ET$_0$ 的贡献率为 ET$_0$ 对该气象因子的敏感系数与该因子的多年相对变化率的乘积(Yin et al.,2010),即

$$Con_{v_i} = S_{v_i} \times RC_{v_i} \qquad (2-4)$$

式中,Con_{v_i} 为气象因子 v_i 对 ET$_0$ 变化的贡献率(单位:%);S_{v_i} 为 v_i 的敏感系数,无量纲;RC_{v_i} 为 v_i 的多年相对变化率。

$$S_{v_i} = \lim_{\Delta v_i \to 0}\left(\frac{\Delta ET_0/ET_0}{\Delta v_i/v_i}\right) = \frac{\partial ET_0}{\partial v_i} \times \frac{v_i}{ET_0} \qquad (2-5)$$

$$RC_{v_i} = \frac{m \times Trend_{v_i}}{|av_{v_i}|} \times 100\% \qquad (2-6)$$

式中，ΔET_0 和 Δv_i 分别为 ET_0 和 v_i 的变化量，S_{v_i} 的正或负分别表示 ET_0 随气象因子的增加而增加或减小，其绝对值越大表示 ET_0 对该气象因子的变化越敏感；m 为年数，即 40；$Trend_{v_i}$ 为气象因子 v_i 的年气候倾向率，即一元线性回归方程的斜率；av_{v_i} 为 v_i 的多年平均值。

ET_0 的实际变化为

$$RC_{ET_0} = \frac{m \times Trend_{ET_0}}{|av_{ET_0}|} \times 100\% \tag{2-7}$$

式中，$Trend_{ET_0}$ 和 av_{ET_0} 为 1971—2010 年 40 年 ET_0 的年气候倾向率和平均值。

各气象因子的贡献之和为气象因子对 ET_0 变化的总贡献（曹雯 等，2011），即

$$Con_{ET_0} = Con_{T_{max}} + Con_{T_{min}} + Con_{U_2} + Con_{e_a} + Con_n \tag{2-8}$$

式中，Con_{ET_0} 为 5 个气象因子对 ET_0 变化的总贡献率，$Con_{T_{max}}$，$Con_{T_{min}}$，Con_{U_2}，Con_{e_a} 和 Con_n 分别是平均最高气温 T_{max}、平均最低气温 T_{min}、平均 2 m 高风速 U_2、实际水汽压 e_a 和日照时数 n 对 ET_0 变化的贡献率。

2.2.2　结果与分析

2.2.2.1　Penman-Monteith 模型的验证

利用海南岛 18 个气象站 1971—2010 年（部分站点为 1971—2001 年）各月 ET_0 分别与对应年月的 20 cm 蒸发皿蒸发量进行线性回归分析，结果见表 2-1。由表可见，绝大多数月份的 ET_0 与蒸发量的复相关系数 $R^2 > 0.70$，所有月份的 ET_0 与蒸发量存在极显著的正相关关系，表明利用 Penman-Monteith 模型计算海南岛 ET_0 具有较高的可信度。

表 2-1　海南岛逐月参考作物蒸散量与蒸发量的相关关系

	1 月	2 月	3 月	4 月	5 月	6 月	7 月	8 月	9 月	10 月	11 月	12 月
R^2	0.89**	0.86**	0.81**	0.77**	0.77**	0.74**	0.72**	0.65**	0.65**	0.77**	0.87**	0.88**
a	0.40	0.43	0.39	0.42	0.35	0.31	0.37	0.38	0.35	0.41	0.41	0.41

注：a 是回归系数，** 表示通过了 0.01 置信度检验。

2.2.2.2　海南岛 ET_0 空间分布及变化趋势

1）ET_0 的空间分布

1971—2010 年海南岛年 ET_0 在 1057.8～1461.7 mm，均值为 1191.4 mm，大致呈由东北向西南递增的趋势（图 2-6a），年 ET_0 高值区分布在西部的东方市、昌江县及南部的三亚市，低值区在中部至东北角一带。春季（图 2-6b）、秋季（图 2-6d）和冬季（图 2-6e）ET_0 分别在 296.2～399.2 mm、221.6～341.9 mm 和 164.4～271.6 mm，占年 ET_0 的 28%、23% 和 17%，也总体呈东北向西南递增趋势。与年 ET_0 相比，春季 ET_0 高值区和中值区向东有所扩张，低值区相应地向东有所收缩；秋季 ET_0 空间分

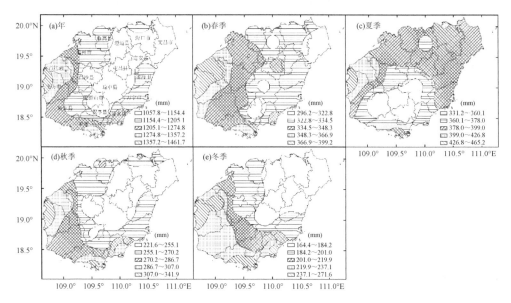

图 2-6　1971—2010 年 ET_0 平均值的空间分布图

布与年 ET_0 基本一致;冬季 ET_0 与年 ET_0 相比高值区向东北方向有所扩张,低值区向东北方向有所收缩。夏季 ET_0 在 331.2~465.2 mm,占年 ET_0 的 32%,空间分布上,其高值区所在区域与年 ET_0 相似,但低值区移至中南部一带(图 2-6c)。

2)ET_0 的变化趋势

由图 2-7a 可见,近 40 年海南岛各地年 ET_0 的气候倾向率为 -44.7~28.5 mm·$(10a)^{-1}$,均值为 -5.0 mm·$(10a)^{-1}$。线性变化趋势特点不一,18 个市(县)中有 3 个市(县)即澄迈县、乐东县、三亚市的年 ET_0 呈显著减少趋势($P<0.05$),变化倾向率分别为 -27.5 mm·$(10a)^{-1}$、-29.5 mm·$(10a)^{-1}$、-44.7 mm·$(10a)^{-1}$;两个市(县)即东方市和琼中县的年 ET_0 呈显著增加的趋势($P<0.05$),变化倾向率分别为 22.4 mm·$(10a)^{-1}$ 和 28.5 mm·$(10a)^{-1}$;其他 13 个站点年 ET_0 的线性变化趋势均不显著,气候倾向率为正、负值的站点各有 3 个和 10 个。

春季(图 2-7b)ET_0 气候倾向率为 -11.1~6.5 mm·$(10a)^{-1}$,均值为 -3.1 mm·$(10a)^{-1}$。18 个市(县)中澄迈县、乐东县和三亚市的 ET_0 减少显著($P<0.05$),气候倾向率分别为 -9.4 mm·$(10a)^{-1}$、-8.3 mm·$(10a)^{-1}$ 和 -11.1 mm·$(10a)^{-1}$,其余 15 市(县)春季 ET_0 变化趋势均不显著,气候倾向率为正值和负值的市(县)各有 4 个和 11 个;夏季(图 2-7c)ET_0 气候倾向率为 -6.4~10.9 mm·$(10a)^{-1}$,均值为 1.8 mm·$(10a)^{-1}$。18 市(县)中有 3 个即定安县、东方市和琼中县的 ET_0 增加显著($P<0.05$),气候倾向率分别为 5.3 mm·$(10a)^{-1}$、8.9 mm·$(10a)^{-1}$ 和 10.9 mm·$(10a)^{-1}$,1 个市(县)即澄迈县的 ET_0 减

少显著($P<0.05$),为-10.9 mm·$(10a)^{-1}$。其余 14 市(县)夏季 ET_0 变化不显著,其中各有 9 个和 5 个市(县)的气候倾向率分别为正值和负值;秋季(图 2-7d)ET_0 气候倾向率为$-11.5\sim6.4$ mm·$(10a)^{-1}$,均值为-0.7 mm·$(10a)^{-1}$。全岛澄迈县、乐东县和三亚市 3 市(县)的 ET_0 减少显著($P<0.05$),气候倾向率分别为-6.1 mm·$(10a)^{-1}$、-7.5 mm·$(10a)^{-1}$ 和-11.5 mm·$(10a)^{-1}$,1 个市(县)即琼中县的 ET_0 增加显著($P<0.05$),气候倾向率为 6.4 mm·$(10a)^{-1}$。其余 14 站点秋季 ET_0 变化不显著,气候倾向率为正、负值的站点各有 8 个和 6 个;冬季(图 2-7e)ET_0 气候倾向率为$-21.0\sim4.6$ mm·$(10a)^{-1}$,均值为-2.8 mm·$(10a)^{-1}$。其空间分布与春季较为相似,澄迈县、乐东县和三亚市 3 市(县)的 ET_0 减少显著($P<0.05$),气候倾向率分别为-5.7 mm·$(10a)^{-1}$、-8.0 mm·$(10a)^{-1}$ 和-21.0 mm·$(10a)^{-1}$,1 个市(县)琼中县增加显著($P<0.05$),气候倾向率为 4.6 mm·$(10a)^{-1}$。其余 14 市(县)ET_0 冬季变化均不显著,气候倾向率为正值和负值的市(县)各有 3 个和 11 个。

结合年和四季 ET_0 气候倾向率发现,年 ET_0 气候倾向率为正值的 5 个市(县),均表现为夏季 ET_0 气候倾向率的值最大,表明夏季 ET_0 增加是该 5 市(县)年 ET_0 增加的主要原因。年 ET_0 气候倾向率为负值的 13 个市(县)中,除三亚市和陵水县的冬季 ET_0 气候倾向率的值最小外,其余 11 市(县)均是春季 ET_0 气候倾向率的值最小,表明总体上年 ET_0 减少的市(县)主要是由春季 ET_0 减少所致。

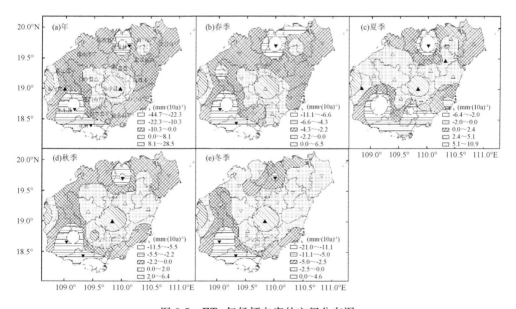

图 2-7　ET_0 气候倾向率的空间分布图

注:▲、▼分别表示显著增加、减少($P<0.05$),△、▽表示变化趋势不显著

2.2.2.3　海南岛 ET_0 对气象因子的敏感性

根据近 40 年的逐日气象资料,利用式(2-4)计算得到 ET_0 对各气象因子的逐日敏感系数,再求均值分别得到年和四季敏感系数,结果见图 2-8。由图可见,海南岛各市(县)年和四季 ET_0 除对平均水汽压的敏感系数为负外,对其余 4 项气象因子的敏感系数均为正值,表明年和四季 ET_0 随水汽压增加而减少,随平均最高、最低气温以及日照时数、平均风速的增加而增加。比较年 ET_0 对 5 个气象因子年敏感系数的绝对值(图 2-8a)发现,近 40 年年 ET_0 显著减少的澄迈县、乐东县和三亚市 3 个市(县)和显著增加的东方市和琼中县 2 市(县)均表现为平均最高气温>水汽压>平均最低气温>日照时数>平均风速,这说明该 5 个市(县)年 ET_0 对平均最高气温的变化最敏感,对水汽压、平均最低气温、日照时数变化的敏感性依次降低,对平均风速敏感性最小。其余年 ET_0 变化不显著的 13 个市(县)也均表现出上述规律。春季 ET_0 显著减少的澄迈县、乐东县和三亚市 3 市(县)和其余 ET_0 变化不显著 15 个市(县)对各气象因子敏感系数绝对值的排序与年 ET_0 一致(图 2-8b);夏季 ET_0 显著增加的定安县、东方市和琼中县 3 个市(县)和显著减少的澄迈县及其余 ET_0 变化不显著的 14 市(县)敏感系数绝对值排序与年 ET_0 基本一致(图 2-8c);秋季 ET_0 显著减少的澄迈县、乐东县和三亚市 3 市(县)和显著增加的琼中县及其他 ET_0 变化不显著的 14 个市(县)敏感系数绝对值排序与年 ET_0 一致(图 2-8d);冬季 ET_0 显著减少的澄迈县、乐东县和三亚市 3 市(县)和显著增加的琼中县及其他 ET_0 变化不显著的 14

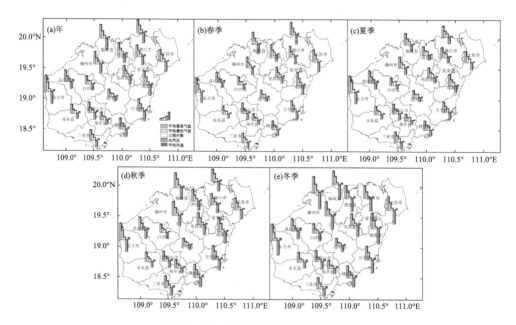

图 2-8　ET_0 对气象因子的敏感系数图

个市(县)敏感系数绝对值排序与年 ET_0 基本一致(图 2-8e)。总体而言,海南岛各市(县)年和四季 ET_0 对各气象因子敏感系数绝对值的排序总体表现出"平均最高气温>水汽压>平均最低气温>日照时数>平均风速"的规律。

2.2.2.4 气象因子变化对海南岛 ET_0 变化的贡献率

利用式(2-6)计算各气象因子近 40 年年和四季的相对变化率,再利用式(2-4)得到各气象因子对年和四季 ET_0 的贡献率,结果见表 2-2、表 2-3 和图 2-9。海南岛 18 市(县)各气象因子对年 ET_0 的总贡献率与年 ET_0 实际变化在趋势和数值上基本一致(表 2-2),两者的线性复相关系数高达 0.97,通过了极显著检验(结果略),18 市(县)各气象因子对春、夏、秋、冬四季 ET_0 的总贡献率与四季 ET_0 实际变化在趋势和数值上也均基本一致(表 2-3),线性复相关系数分别为 0.96,0.99,0.94,0.98,且均通过了极显著检验(结果略),表明结合敏感系数和气象因子的多年相对变化率来解释海南岛年和四季 ET_0 变化的原因是合理可行的。

表 2-2　1971—2010 年各气象因子对年 ET_0 变化的总贡献率和年 ET_0 实际变化

	总贡献率(%)	年 ET_0 实际变化(%)	主要因子
海口市	−0.97	−3.16	U_2,n
临高县	0.36	−1.47	n,U_2
澄迈县	−8.90	−9.93	U_2,n
儋州市	−0.96	−1.30	U_2,e_a
昌江县	−1.89	−2.35	U_2,e_a
屯昌县	−0.63	−0.76	U_2,n
琼海市	1.52	−0.15	U_2,n
文昌市	−1.17	−2.19	U_2,n
乐东县	−9.86	−9.95	U_2,n
保亭县	−1.37	−1.91	n,e_a
三亚市	−10.53	−12.29	U_2,n
万宁市	−2.16	−2.80	n,U_2
陵水县	−0.67	−1.62	n,U_2
定安县	1.11	2.21	T_{max},T_{min}
东方市	7.41	6.14	T_{min},T_{max}
白沙县	1.16	1.06	T_{max},T_{min}
琼中县	9.22	10.77	U_2,n
五指山市	1.44	1.93	T_{max},T_{min}

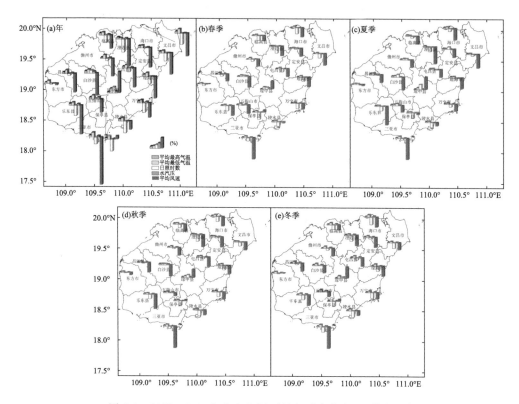

图 2-9　1971—2010 年各气象因子的相对变化率图(单位:%)

　　由表 2-2 和图 2-9a 可以看出,近 40 年,海南岛年 ET_0 减少(即年 ET_0 实际变化为负值)的 13 市(县),平均风速下降、日照时数减少以及水汽压增大是其年 ET_0 减少的原因,而其余 5 市(县)年 ET_0 增加的原因除平均最高气温和平均最低气温升高外,部分市(县)还包括平均风速增大、日照时数增多。将与年 ET_0 实际变化同符号(正号或负号)的气象因子贡献率按绝对值由大到小排序,发现前二者占与年 ET_0 实际变化同符号的气象因子贡献率总和的比例普遍在 80% 以上,说明前两个气象因子变化是引起年 ET_0 变化的主要原因,因此本研究将前两个气象因子定义为主要因子。年 ET_0 显著减少的澄迈县、乐东县和三亚市的主要因子均为平均风速和日照时数,其余年 ET_0 减少不显著的 10 市(县)的主要因子也基本为平均风速和日照时数。将年 ET_0 减少情况与各气象因子的相对变化率以及年 ET_0 对其敏感性进行对比可以看出,虽然年 ET_0 对平均风速和日照时数的敏感性较低,但因平均风速和日照时数的相对变化(减少)明显(图 2-10a),导致其对年 ET_0 减少的贡献率绝对值仍然较大,以澄迈县为例,虽然平均风速和日照时数的年敏感系数分别仅为 0.127 和 0.260,但因其多年相对变化率分别高达 −51.21% 和 −24.51%,导致其对年的贡献率分别高达－6.50％和－6.38％。年 ET_0 显著增加的东方市的主要因子为平均最高气温和平均最低气温,说明该区域气温升高对年 ET_0 增加的贡献超过了其他因子的负贡献。琼中县有些特殊,其主要因子为平均风速和日照时数。

气象因子对四季 ET_0 的影响与其对年 ET_0 的影响大致相同(表 2-3,图 2-10)。春季、夏季和秋季 ET_0 显著减少的市(县)的主要因子也均为平均风速和日照时数,其余市(县) ET_0 减少不显著。冬季情况则有所不同, ET_0 显著减少的 3 市(县)主要因子除平均风速和日照时数外,还包括水汽压 11 市(县)减少不显著。四季 ET_0 增加显著的市(县)(琼中县)其主要因子还包括平均风速和日照时数。

表 2-3　1971—2010 年各气象因子对四季 ET_0 变化的总贡献率和四季 ET_0 实际变化

	春季		夏季		秋季		冬季	
	总贡献率、实际变化(%)	主要因子	总贡献率、实际变化(%)	主要因子	总贡献率、实际变化(%)	主要因子	总贡献率、实际变化(%)	主要因子
海口市	−4.06, −7.28	n,U_2	2.18, 1.67	T_{max},T_{min}	0.18, −1.95	U_2,n	−5.95, −8.29	e_a,U_2
临高县	−2.31, −3.33	n,U_2	1.92, 1.28	T_{max},T_{min}	0.68, −2.36	U_2,n	−1.42, −2.75	e_a,U_2
澄迈县	−10.96, −11.83	n,U_2	−6.41, −6.89	n,U_2	−7.89, −9.93	n,U_2	−10.86, −12.86	U_2,e_a
儋州市	−3.94, −4.64	U_2,n	3.47, 3.07	T_{max},T_{min}	1.34, 0.56	T_{min},T_{max}	−5.88, −6.52	U_2,e_a
昌江县	−4.87, −5.44	U_2,n	4.77, 3.76	T_{max},T_{min}	−0.50, −2.17	U_2,e_a	−6.99, −8.16	U_2,e_a
屯昌县	−4.43, −4.95	U_2,n	2.27, 2.65	T_{max},T_{min}	1.68, 1.33	T_{max},T_{min}	−2.93, −3.13	U_2,e_a
琼海市	−2.23, −3.97	U_2,n	3.46, 3.48	T_{max},T_{min}	4.77, 1.79	T_{max},T_{min}	−1.26, −3.82	U_2,n
文昌市	−3.24, −5.01	n,U_2	1.06, 1.06	T_{max},T_{min}	−0.23, −1.93	n,U_2	−4.38, −4.77	n,U_2
乐东县	−9.71, −9.86	n,U_2	−6.05, −6.65	U_2,n	−9.76, −10.86	U_2,n	−13.50, −13.80	U_2,n
保亭县	−3.95, −4.06	n,e_a	−3.11, −3.38	n,U_2	0.74, 0.52	T_{max},T_{min}	0.42, 0.45	T_{min},T_{max}
三亚市	−10.60, −11.18	U_2,n	−0.47, −1.11	U_2,n	−9.80, −13.30	U_2,n	−24.51, −28.54	U_2,n
万宁市	−3.69, −4.37	n,U_2	−0.47, −0.51	n,U_2	0.28, −1.79	n,U_2	−5.22, −6.18	n,U_2
陵水县	0.10, 0.36	T_{max},T_{min}	−1.10, −1.34	n,U_2	2.47, −0.42	n,U_2	−4.04, −6.26	n,U_2

	春季		夏季		秋季		冬季	
	总贡献率、实际变化(%)	主要因子	总贡献率、实际变化(%)	主要因子	总贡献率、实际变化(%)	主要因子	总贡献率、实际变化(%)	主要因子
定安县	−0.92,0.01	T_{min}, T_{max}	4.33,5.57	T_{max}, n	0.88,2.15	T_{max}, T_{min}	−2.74,−1.05	U_2, e_a
东方市	5.49,4.82	T_{min}, T_{max}	8.33,7.65	T_{min}, T_{max}	6.10,4.89	T_{max}, T_{min}	7.71,7.13	T_{min}, T_{max}
白沙县	−1.83,−1.93	U_2, e_a	3.63,3.54	n, T_{max}	2.42,2.76	T_{max}, T_{min}	−0.06,−0.66	U_2, e_a
琼中县	7.04,8.19	U_2, T_{min}	11.39,12.38	n, U_2	9.41,11.52	n, T_{min}	8.79,11.28	U_2, T_{min}
五指山市	−1.92,−2.17	U_2, e_a	4.27,5.01	T_{max}, T_{min}	4.32,4.84	T_{max}, T_{min}	−0.01,0.14	T_{min}, T_{max}

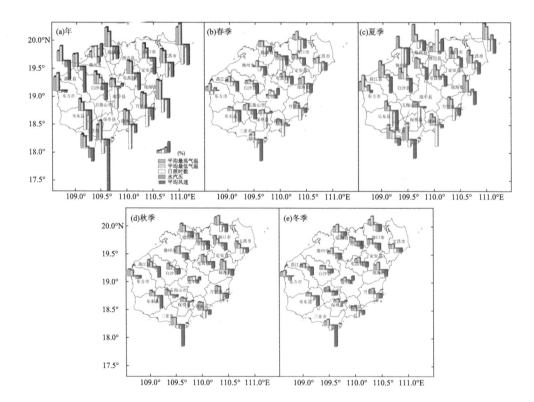

图 2-10　1971—2010 年各气象因子 ET_0 变化的贡献率图

2.2.3　结论与讨论

（1）月尺度上，Penman-Monteith 方法计算的海南岛 ET_0 与 20 cm 蒸发皿蒸发量极显著正相关，表明采用 Penman-Monteith 公式计算海南岛 ET_0 是可行的。

（2）1971—2010 年，海南岛 18 市（县）年 ET_0 均值为 1191.4 mm，大致呈由东北部向西南部递增趋势，与高素华等（1988）研究结果较一致。春季、秋季和冬季 ET_0 空间分布与年 ET_0 较相似。夏季 ET_0 有所不同，其高值区所在区域与年 ET_0 相似，但低值区移至中南部一带。ET_0 年内分布表现为夏季＞春季＞秋季＞冬季。

（3）1971—2010 年，海南岛 18 市（县）年 ET_0 的气候倾向率均值为 -5.0 mm$\cdot(10a)^{-1}$，略高于全国 -4.3 mm$\cdot(10a)^{-1}$ 的平均水平（曹雯 等，2015），线性变化特点不一，减少显著、减少不显著、增加显著和增加不显著的站点各有 3 个、10 个、2 个和 3 个。春、夏、秋、冬四季 ET_0 的气候倾向率均值分别为 -3.1 mm$\cdot(10a)^{-1}$、1.8 mm$\cdot(10a)^{-1}$、-0.7 mm$\cdot(10a)^{-1}$、-2.8 mm$\cdot(10a)^{-1}$，线性变化特点也均不一。总体而言，海南岛年 ET_0 减少的区域主要是由春季 ET_0 减少所致，年 ET_0 增加主要由夏季 ET_0 增加所致。

（4）海南岛各地年和四季 ET_0 对气象因子的敏感系数中，仅水汽压敏感系数为负值。18 市（县）年 ET_0 对气象因子的敏感性由强到弱排序均为平均最高气温＞水汽压＞平均最低气温＞日照时数＞平均风速，与刘昌明等（2011）结论基本一致。各市（县）四季 ET_0 对气象因子的敏感性规律与年 ET_0 基本一致。

（5）近 40 年海南岛 18 市（县）各气象因子对年和四季 ET_0 的总贡献率与年和四季 ET_0 实际变化线性相关均极显著，利用敏感系数和气象因子相对变化率相结合的方法定量分析海南岛 ET_0 变化的主要因子具有较好的效果。近 40 年引起海南岛大多数市（县）年、春季、夏季和秋季 ET_0 减少的主要原因为平均风速下降和日照时数减少，冬季 ET_0 减少除平均风速下降和日照时数减少的原因外，还包括水汽压增加。有学者研究表明，海南岛年平均风速（王春乙，2014；孙瑞 等，2016）和年日照时数（陈小敏 等，2014b）总体表现出显著的减少趋势，对本研究结论是一个较好的佐证。而致使海南岛部分市（县）年和四季 ET_0 增加的主要原因是平均最高气温和平均最低气温升高，其中琼中县还包括平均风速增大和日照时数增加。在分析各气象因子对年 ET_0 的贡献率时，发现临高县和琼海市各气象因子对年 ET_0 的总贡献率为正值而年 ET_0 实际变化为负值，同时通过查阅文献，发现其他学者（Yin et al.，2010；董旭光等，2015）的研究也出现了类似情形，原因可能是因为 ET_0 除主要受平均最高气温、平均最低气温、水汽压、日照时数和平均风速影响外，还受其他气象因子如平均气温、气压的影响，如果仅考虑对 ET_0 影响较大的气象因子而不考虑其他因子的影响就可能出现上述情形。

（6）近 40 年海南岛大部分地区年 ET_0 减少，年降水量增加（陈小丽 等，2004；王春乙，2014；孙瑞 等，2016），表明海南岛大部分地区朝着变"湿"方向发展，对海南岛农业发展总体是有利的。但北部的定安县、西部的东方市及中部的白沙县、琼中县和五指山市 5 市（县）的年 ET_0 增加，而其年降水量增加也较少，因此，上述 5 市（县）需加强水利灌溉设施的修建和节水灌溉机械的使用，以提高农业抗旱能力，对于地处半干旱气候区的东方市而言，更应该兴修水利、发展农田灌溉事业；选育耐旱品种、充分利用有限的降雨；采用现代技术和节水措施，例如人工降雨，喷滴灌、地膜覆盖，以及暂时利用质量较差的水源，包括劣质地下水等。

（7）参考作物蒸散量是天气气候条件决定下垫面蒸散过程的能力，是实际蒸散量的理论上限。通常也是计算实际蒸散量的基础，广泛应用于气候干湿状况分析、水资源合理利用和评价、农业作物需水和生产管理、生态环境如荒漠化等研究中（高歌等，2006；杨建平 等，2002；马柱国 等，2003；王菱 等，2004；Doorenbos J，1977；周晓东 等，2002）。本研究分析了参考作物蒸散量的时空变化特征及成因，今后的研究中可结合海南岛实际情况和本单位农业气象业务状况，将本研究的成果应用至农作物耗水量计算、气候干湿状况评价、水资源合理利用和评价等研究中。

2.3 海南日照时数时空变化特征及其影响因素

全球气候变化的研究，一直都是大家关注的话题之一。日照时数作为一个重要气象因子，是太阳辐射最直观的表现，也是供人类开发利用的可再生资源，更是农作物生长发育不可缺少的条件，因此备受专家的关注。在过去的研究中，国内学者对不同尺度区域的日照时数变化趋势分析做了大量的研究（任国玉 等，2005；李晓文 等，1998；李跃清，2002；罗云峰 等，2000；郭军 等，2006；贾金明 等，2007；郑祚芳 等，2012；彭云峰 等，2011；赵娜 等，2012；陈碧辉 等，2008），均有一致的观点，最近几十年，所研究地区的日照时数呈减少趋势。上述研究也分析了日照时数减少的可能原因，大部分研究认为日照减少原因主要为云量增加、可见度减小、气溶胶增加等原因（罗云峰 等，2000；郭军 等，2006；贾金明 等，2007；郑祚芳 等，2012；彭云峰 等，2011；赵娜 等，2012；陈碧辉 等，2008）。但是关于热带地区日照时数的研究鲜有报道。

海南岛地处热带北缘，东经 $108°37'\sim111°03'$，北纬 $18°10'\sim20°10'$，陆地面积只有 3.39 万 km^2，地形却很复杂，岛中部群山阻隔，这在日照时数上有明显反映。关于海南岛日照变化趋势的研究较少（杨馥祯 等，2007；吴胜安 等，2006；李天富，2002；李伟光 等，2012），本研究利用 1961—2010 年海南岛的气候资料，分析其变化特征，为合理利用光能资源，调整农业生产结构，促进农业经济可持续发展，也为海南国际旅游岛的旅游资源开发利用提供科学依据。

2.3.1 资料与方法

选取海南岛 18 个市（县）气象站 1961—2010 年逐月整编资料，按 12 月至次年 2

月为冬季,3—5 月为春季,6—8 月为夏季,9—11 月为秋季进行季节划分。采用线性方程拟合气候变化倾向率的分析方法。

2.3.2　结果与分析

2.3.2.1　海南岛近 50 年年平均日照时数空间特征

图 2-11 为海南岛 18 个市(县)近 50 年年平均日照时数空间分布图,可见日照时数空间分布呈东北向西南逐渐递增,其中东北部和中部山区日照时数最少,西南部和南部地区日照时数最多,其他地区介于两者之间。年平均日照时数最大值达 2551.4 h,最小值为 1755.4 h,最大值比最小值偏多 45.4%,说明日照时数空间差异很显著。

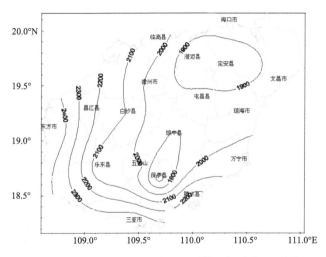

图 2-11　近 50 年海南岛年平均日照时数空间分布图(单位:h)

2.3.2.2　日照时数年际变化趋势

图 2-12 给出了海南岛 1961—2010 年日照时数的演变趋势,可以看出,海南岛年日照时数呈明显地减少的趋势。具体表现为:20 世纪 80 年代前日照时数明显偏多,大多数年份(20 年中有 15 年)在多年平均水平以上,其中 1977 年日照时数达到近 50 年最大,比平均值偏高 14.5%;20 世纪 80 年代出现波动状态,偏多与偏少相互交替,并出现次大年(1987 年)和次小年(1985 年);20 世纪 90 年代以来,年日照时数开始转变为负距平,最近 20 年除了 1991 年、1993 年、2003 年和 2004 年日照时数为正距平,其他年份均为负距平,其中 2008 年日照时数为最近 50 年最小,比平均值偏低 13.1%,与峰值点(1977 年)相差 573.7 h。

线性回归分析显示,海南岛日照时数气候变化倾向率为 −5.09 h·a^{-1},即每 10 年日照时数减少 50.9 h,相当于每 10 年日照时数减少 2.5%。年日照时数与时间的

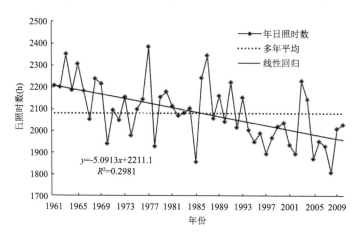

图 2-12　海南岛 1961—2010 年日照时数变化情况图(单位:h)

相关系数(−0.546)通过 99％的信度检验,表明海南岛年日照时数减少趋势显著。

2.3.2.3　月份、季节日照时数变化趋势

表 2-4 为海南岛 1961—2010 年各月和各季日照时数统计结果。由表 4-1 可见:(1)月日照时数一年中出现双峰值,7 月最多,5 月次多,2 月最少,各月日照时数分布不均匀,日照时数最多月份是最少月份的 1.9 倍。(2)季日照时数分布,夏季＞春季＞秋季＞冬季,整个夏季日照时数占全年日照时数的比重最高,达到 30.7％,而日照时数最少月份的冬季,仅占 19.2％,比夏季偏少 238.1 h,说明了日照时数的季节性差异也明显。

对海南岛近 50 年来各月和各季日照时数作气候变化倾向率分析,可以看出:(1)各月日照时数的变化率,只有 6 月日照时数出现增加趋势,其他各月都呈下降趋势,其中 1 月、5 月、9 月、10 月和 12 月日照时数减少最为明显,都在 −5 h·(10a)$^{-1}$以上。(2)各季日照时数变化呈减少趋势,其中秋季减少较明显,达到 −15.1 h·(10a)$^{-1}$,春季和冬季次之,分别为 −13.01 h·(10a)$^{-1}$和 −14.14 h·(10a)$^{-1}$。

表 2-4　海南岛 1961—2010 年月份和季节日照时数变化统计表

项目 时间	平均日照时数 (h)	气候倾向率 (h·(10a)$^{-1}$)	日照增减时数 (h)	日照增减幅度 (％)
1 月	138.7	−6.52	−32.6	−23.5
2 月	121.7	−0.05	−0.25	−0.21
3 月	154.5	−2.52	−12.6	−8.16
4 月	179.8	−4.21	−21.1	−11.7
5 月	216.5	−7.40	−37.0	−17.1

续表

项目 时间	平均日照时数 （h）	气候倾向率 （h·(10a)$^{-1}$）	日照增减时数 （h）	日照增减幅度 （％）
6 月	206.0	0.02	0.10	0.05
7 月	229.5	−4.30	−21.5	−9.37
8 月	202.5	−4.40	−22.0	−10.9
9 月	172.2	−5.83	−29.2	−16.9
10 月	169.6	−6.42	−32.1	−18.9
11 月	148.7	−2.85	−14.3	−9.58
12 月	139.6	−6.44	−32.2	−23.1
春季	550.8	−14.14	−70.7	−12.8
夏季	638.0	−8.70	−43.5	−6.82
秋季	490.5	−15.1	−75.5	−15.4
冬季	399.9	−13.01	−65.1	−16.3

注：平均日照增减时数＝气候倾向率×年数；平均日照增减幅度＝平均日照增减时数/平均日照时数×100％。

从各月和各季日照增减时数和增减幅度（表 2-4）来看，(1)各月增减时数，除了 2 月和 6 月不明显，其他月份 50 年来减少量都在 10 h 以上，其中 1 月、5 月、10 月和 12 月，减少量都在 30 h 以上；各月减少幅度，1 月和 12 月减幅最大，均在 23％以上。(2)各季节也表现出减少趋势，最近 50 年减少了 43.5～75.5 h，减幅在 6.8％～16.3％。从全年来看，月、季日照时数以减少为主。

2.3.2.4　海南岛年际日照时数时空变化趋势

图 2-13 给出了海南岛 18 个市(县)的年日照时数气候变化倾向率，近 50 年来，除中部山区以 6～44 h·(10a)$^{-1}$ 的速率增加外(不显著上升，未通过 $P<0.05$ 的显著性检验)，其他地方均一致呈现减少趋势，减幅为 28～124 h·(10a)$^{-1}$，其中，北部、东部和南部地区减幅在 55～124 h·(10a)$^{-1}$(显著性下降，通过 $P<0.05$ 的显著性检验)，西北部和西部地区减小不显著。

2.3.2.5　影响日照时数的主要气象要素

1)影响因子的变化趋势

通过对海南月、季节和年的因子变化气候倾向率分析（表 2-5），近 50 年低云量和相对湿度的变化比较明显，低云量呈增加趋势，相对湿度则相反；总云量和降雨量也有变化，其中总云量是呈减少趋势，降雨量总体呈增多趋势。具体分析如下：

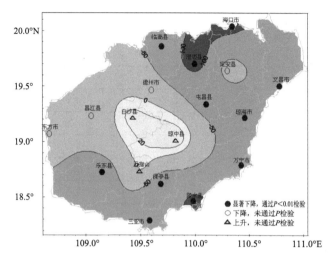

图 2-13　近 50 年海南岛年日照时数气候倾向率的分布图(单位:h·(10a)$^{-1}$)

表 2-5　总云量(TCA)、低云量(LCA)、相对湿度(RH)和降雨量(R)的气候倾向率及与日照时数的相关系数

| | 气候倾向率((10a)$^{-1}$) | | | | 与日照时数的相关系数 | | | |
	TCA(成)	LCA(成)	RH(%)	R(mm)	TCA	LCA	RH	R
1 月	0.07	0.22	−0.14	−0.03	−0.698**	−0.783**	−0.666**	−0.487*
2 月	−0.31	−0.02	−0.63	0.53	−0.310	−0.489*	−0.630**	−0.451*
3 月	−0.13	−0.01	−0.56	1.92	−0.406*	−0.568**	−0.538**	−0.306
4 月	−0.12	0.12	−0.5	−2.0	−0.366	−0.632**	−0.489*	−0.391
5 月	−0.05	0.26*	−0.3	9.1	−0.327	−0.661**	−0.486*	−0.485*
6 月	−0.13	0.11	−0.9**	−7.9	−0.276	−0.556**	−0.424*	−0.420*
7 月	−0.03	0.24**	−0.46	8.3	−0.384	−0.630**	−0.406*	−0.452*
8 月	−0.12	0.26**	−0.5*	9.4	−0.434*	−0.627**	−0.420*	−0.428*
9 月	−0.05	0.12	−0.7*	0.12	−0.380	−0.643**	−0.481*	−0.548**
10 月	−0.07	0.14	−0.7	29.5	−0.599**	−0.743**	−0.524**	−0.588**
11 月	−0.11	0.07	−1.0*	−6.3	−0.627**	−0.749**	−0.633**	−0.401*
12 月	0.01	0.20	−0.9	2.0	−0.674**	−0.788**	−0.578**	−0.436*
春季	−0.15	0.09**	−1.1	7.9	−0.150	−0.666**	−0.467*	0.033
夏季	−0.09	0.20**	−0.62**	9.8	−0.401*	−0.608**	−0.445*	−0.436*
秋季	−0.11	0.12	−0.8**	8.9	−0.451*	−0.708**	−0.419*	−0.340
冬季	−0.07	0.07**	−0.57**	2.5	−0.537**	−0.686**	−0.630**	−0.417*
全年	−0.10	0.12*	−0.6**	33.5	−0.145	−0.723**	−0.413*	0.035

注:* 和** 分别表示通过 0.05 和 0.01 水平的显著性检验。

近 50 年年平均低云量呈现增加趋势,以 0.12 成·$(10a)^{-1}$($P<0.05$)的速度在增加。春季、夏季和冬季增幅最明显,分别为 0.09 成·$(10a)^{-1}$、0.20 成·$(10a)^{-1}$和 0.07 成·$(10a)^{-1}$($P<0.01$)。月平均低云量也出现不同程度的增加,增加最多的月份,为 5 月、7 月和 8 月,以 0.24~0.26 成·$(10a)^{-1}$($P<0.01$)的速度在快速增加。

年平均相对湿度呈现明显减少趋势,减幅为每 10 年 0.6 个百分点。不同季节出现不同程度的减少,除春季减少不显著,其他季节平均相对湿度均表现为显著地减少趋势。月份减幅在每 10 年 0.3~1.0 个百分点,其中 6 月、8 月、9 月和 11 月减幅通过显著性检验。

从平均总云量的气候倾向率来看,近 50 年年平均总云量、四季和月份也呈现下降趋势;月降雨量气候倾向率大部分呈增加趋势,尤其是 10 月,倾向率达 29.5 mm·$(10a)^{-1}$,季节和全年均为增加趋势。但是总云量和降雨量的变化情况均没有通过显著性检验。

2)影响因子与日照时数的相关性

海南岛日照时数与总云量、低云量、相对湿度和降雨量呈显著的负相关(表2-5)。具体分析如下:

月日照时数与 1—12 月的低云量、相对湿度呈较明显负相关,系数分别为 −0.489~−0.788、−0.406~−0.666;与 1 月、10—12 月的总云量也呈明显负相关,相关系数在 −0.599 以上;与降雨量也呈负相关。季日照时数与低云量呈较明显负相关,系数分别为 −0.608~−0.708;与冬季总云量、相对湿度也呈较明显负相关,其次是夏、秋、春季;夏、冬季降雨量对日照时数也呈负相关关系。年平均低云量和相对湿度与年日照时数呈负相关关系。

但是,近 50 年总云量和相对湿度都呈减少的趋势,只有低云量呈显著增加趋势,降雨量也呈增加趋势,但没有通过显著性检验,这说明海南岛日照时数减少主要与低云量的增加有密切关系,尤其是夏季,其次是春季和冬季,具体月份为 5 月、7 月和 8 月。日照时数减少还与降雨量的增加有一定关系,尤其是 10 月降雨。

2.3.3　结论与讨论

通过对海南岛 1961—2010 年日照时数时空变化特征分析,得出近 50 年日照时数变化的几个特点:

(1)海南岛年平均日照时数空间分布差异较为显著:呈东北向西南逐渐递增趋势,日照时数最多的市(县)比日照时数最小的市(县)偏多 796 h,偏多了 45.4%。

(2)日照时数年际变化幅度较大,表现为 20 世纪 80 年代前日照时数偏多,20 世纪 80 年代处于波动期,20 世纪 90 年代初开始进入偏少期,且低于多年平均值。其中,日照时数峰值年(1977 年)比谷值年(2008 年)年偏多 573.7 h。

(3)海南岛年日照时数减少趋势显著:气候变化倾向率为$-5.09\text{ h} \cdot \text{a}^{-1}$,即每10年日照时数减少50.9 h,相当于每10年日照时数减少2.5%。

(4)从全年看,月份和季节日照时数总体都表现为下降态势(6月除外),且分布不均匀。其中,1月、5月、10月和12月减少较为显著,近50年减少量达30 h以上,减少幅度23%以上;各季节最近50年减少了43.5~75.5 h,减幅在6.8%~16.3%。

(5)年际日照时数时空变化来看,近50年来海南岛2/3以上市(县)日照时数呈现下降趋势。

(6)热带地区的年、季和月日照时数与总云量、低云量、相对湿度和降雨量均表现呈较明显负相关关系。近50年低云量的增加,是导致日照时数减少的部分成因。降雨量的不均匀增加也与日照时数的减少有一定的关系。

日照时数的变化与诸多因素有关。低云量是决定日照时数变化的重要因素之一。气溶胶、大气透明度及人类影响等也是影响日照时数的因素,由于笔者水平和时间有限,文中只重点研究大气中的云量、相对湿度和降雨量对日照时数的影响分析,未涉及大气气溶胶方面。今后将在工作中继续研究,进一步分析及完善。

第 3 章　海南芒果灾害区划和种植区划

芒果(*Mangifera indica L.*)素有"热带果王"之美称(黎启仁 等,1995;陈尚漠等,1988),以速生、高产、果实风味独特、营养丰富,经济效益高等特点,已成为继葡萄、柑橙、香蕉、苹果之后的世界第五大水果之一。芒果是世界上栽培历史悠久的果树之一,4000 年前已有芒果栽培。原产于印度,性喜高温、干燥的天气。我国的云南、广西、海南、福建和台湾栽培芒果历史都比较悠久,但由于气候与原产地的差异,芒果生育习性不相适应,严重阻碍了芒果生产的发展。直至 20 世纪 80 年代后期,由于品种的改良,生产才得以发展。

海南栽培芒果有数百年历史,芒果的自然分布主要在南部和西部各个市(县),已经成为海南省热带果树生产中发展最快的产业,也是海南经济的重要组成部分和农民收入的主要来源之一(华敏 等,2013)。截至 2019 年,种植面积达 5.67 万 hm²,产量 68.29 万 t。海南作为我国唯一的热带省份,全国多数时间的温度及光照条件均适宜芒果的生长,只有在冬季时常受到南下冷空气的影响,尽管芒果的花芽分化需要适度的低温,但 12 月至次年 2 月的开花期出现的低温阴雨会使花序发育减慢,雄花大量形成,严重影响芒果的正常开花结实,并最终导致产量大幅下降(王春乙,2014)。很多专家均有对芒果进行区划和布局(刘锦銮,1996;张梅芳 等,2009;刘流,2004),刘锦銮(1996)认为年极端最低温度≤−2.5 ℃不适宜栽培,在此前提下选取雨量、日照、温度等 6 个因子,用模糊聚类方法分析广东芒果农业气候区划。气候资源分析及农业气候区划方法都主要结合地理信息系统(Geographic Information System,GIS)(苏永秀 等,2002;2005;2007)。因此,有必要针对低温阴雨对芒果影响的状况进行深入研究,为芒果种植的合理布局,产业基地的科学建立,最大限度地开发利用气候资源、减轻气象灾害造成的损失提供参考依据。

3.1　资料与方法

3.1.1　数据资料

海南 18 个市(县)1988—2010 年的芒果产量数据(年末面积、收获面积、总产量),来自《海南省统计年鉴》;1∶25 万地理信息数据;灾情数据来自《中国气象灾害大典·海南卷》。

气候资料来源于海南省气象局，为 1981—2010 年全岛 18 个市（县）观测站点的地面观测资料。

3.1.2 研究方法

1）减产率计算

芒果减产率使用下式进行计算（周慧琴 等，2001；王春乙 等，1994）：

$$P=(y-y_t)/y_t \tag{3-1}$$

式中，y_t 为趋势产量，y 为实际单产，P 为负值时即为减产率。

$$y=Y/A \tag{3-2}$$

式中，y 为实际单产（单位：$kg \cdot hm^{-2}$），Y 为实际总产量（单位：$kg \cdot hm^{-2}$），A 为收获面积（单位：hm^2）。

本研究对于芒果趋势产量的计算采用直线滑动平均法。这是一种线性回归模型与滑动平均相结合的模拟方法，它将作物产量的时间序列在某个阶段内的变化看作线性函数。随着阶段的连续滑动，直线不断变换位置，后延滑动，从而反映产量历史演变趋势。依次求取各阶段内的直线回归模型。各时间点上各直线滑动回归模拟值的平均，即为其趋势产量（晏路明，2000；杨太明 等，2001）。

$$y_t=a_i+b_i t \tag{3-3}$$

式中，$i=n-K+1$，为方程个数；K 为滑动步长，$K=10$；n 为样本序列个数；t 为时间序号。

计算每个方程在各时间节点上的值，平均得到该年代的趋势产量，依次连接各时间点，即得到趋势产量的滑动平均模拟。

2）低温阴雨害减产率的分离

芒果减产率由低温阴雨害和非低温阴雨害减产率构成，利用计算的芒果减产率和非低温阴雨害减产率，分离形成低温阴雨害减产率的完整数据序列。

$$P=P_c+P_w \tag{3-4}$$

式中，P_c 为低温阴雨害减产率，P_w 为非低温阴雨害减产率。

3）芒果产量低温阴雨害危险性指数计算

本研究通过统计 18 个市（县）的寒害减产率样本，将芒果的寒害减产分为 5 级，以各等级的平均减产率作为寒害减产强度，并计算产量寒害危险度（张雪芬 等，1996）。

$$H_i=\sum_{k=1}^{5} P_{cki} \times p_{ki} \tag{3-5}$$

式中，H_i 为某市（县）产量低温阴雨危险度，P_{cki} 为某市（县）不同等级低温阴雨害减产强度，k 为低温阴雨害减产等级，p_{ki} 为不同等级低温阴雨害减产强度发生的概率，i 为某市（县）。低温阴雨害强度的概率分布采用信息扩散方法计算（杨星卫 等，1994；黄崇福 等，2013）。

4)芒果产量低温阴雨害风险区划

在相同危险度的情况下,种植规模越大,其对于市(县)农业经济的贡献也越大,对产业的影响要高于种植规模较小的市(县),形成的产量风险也更高,因此产量风险应为产量危险度与种植规模的乘积(式(3-7))。

$$A_{di}=\frac{A_{pi}}{A_{si}} \tag{3-6}$$

式中,A_{di} 为某市(县)芒果的种植规模,A_{pi} 为某市(县)芒果的种植面积(单位:hm²),A_{si} 为某市(县)农作物的播种面积(单位:hm²)。

$$R_i=H_i \times A_{di} \tag{3-7}$$

式中,R_i 为某市(县)产量风险度。

3.1.3　芒果种植农业气候区划指标

芒果营养器官对气温适应性广(陈尚漠 等,1988),在平均气温 20～30 ℃时生长良好,气温降到 18 ℃以下时生长缓慢,10 ℃以下停止生长。海南岛是发展芒果生产的理想地区,树木周年都能生长,几乎没有低温寒害和冻害的威胁。芒果营养生长对水分的要求也不甚严格,最适宜在年雨量 800～2500 mm 的地区生长。温暖、晴朗和干燥天气有利于花芽分化。海南岛大部分地区芒果花芽分化和开花期主要集中在冬季(12月至次年 2 月),该时期是低温阴雨多发时期,对授粉、受精影响很大,甚至会出现长时间阴雨,导致花穗霉烂,造成落花;同时连阴雨湿度大,易引起炭疽病、白粉病等病害暴发,造成大量的落花或枯穗。芒果营养生长对光照的要求较高,在充足的光照条件下,生长速度快,长势好;若光照不足,枝叶不繁茂,树势纤弱,发育不良。

因此,在进行芒果种植农业气候区划指标划分,主要考虑以下指标:冬季平均气温、冬季低温阴雨天数、冬季日照时数和干旱气候风险指数共 4 个因子(表3-1),采用专家打分的方法,把海南岛划分最适宜区、适宜区、次适宜区和不适宜区芒果种植农业气候区划。

表 3-1　海南岛芒果种植农业气候区划指标

区划指标因子	最适宜区	适宜区	次适宜区	不适宜区
冬季平均温度	>20 ℃	18.5～20 ℃	<18.5 ℃	<15 ℃
冬季低温阴雨天数	<12 d	12～18 d	>18 d	>18 d
冬季日照时数	>380 h	330～380 h	<330 h	<300 h
干旱气候风险指数	>12	8～12	<8	<5

3.1.4　区划方法

海南地形地貌复杂,海拔高差大,气象站点的数据虽然能部分反映了区域内农业气候资源的分布情况,但由于这些资料的观测点大部在海拔较低的平坦地区,不能反映区域立体的农业气候资源分布。

为了客观描述芒果 4 个农业气候区划指标在海南的实际分布,建立一套空间分析模型,以推测区划指标在无站点地区的分布状况。建立气候要素与地理要素的关系模型方法如下:

$$y = f(\varphi, \lambda, h, \beta, \theta) + \varepsilon \tag{3-8}$$

式中,y 为农业气候要素,φ 为纬度,λ 为经度,h 为海拔高度,β 为坡向,θ 为坡度等地理因子,ε 为余差项,可认为是拟合的气候学方程的残差部分。

利用海南岛气候资料,及对应站点的经度、纬度、海拔高度、坡度和坡向等地理信息数据,应用数理统计的回归分析方法,将冬季平均气温、冬季低温阴雨天数、冬季日照时数和干旱气候风险指数分别作为因变量,建立芒果 4 个气候区划指标因子的空间推算模型(表 3-2),各模型的复相关系数在 0.57~0.91,F 值为 1.2~12.1,通过了信度 0.05 和 0.10 的显著性检验,表明模型具有良好的回归效果。

表 3-2　气候区划指标空间分析模型

区划指标因子	模型表达式	复相关系数	F 值
冬季平均温度	$y = 70.612 - 0.091\varphi - 2.116\lambda - 0.004h - 0.072\beta - 0.0002\theta$	0.90	10.2
冬季低温阴雨天数	$y = 310.5 + 0.64\varphi + 13.06\lambda + 0.0088h + 0.61\beta - 0.001\theta$	0.91	12.1
冬季日照时数	$y = 8581.88 - 60.25\varphi - 81.31\lambda - 0.532h - 2.86\beta - 0.103\theta$	0.74	3.0
干旱气候风险指数	$y = 200.69 - 1.36\varphi - 2.41\lambda - 0.008h - 0.064\beta - 0.005\theta$	0.57	1.2

3.2　结果与分析

3.2.1　芒果低温阴雨害减产率计算

由式(3-3)计算海南省 18 个市(县)1988—2010 年的趋势产量。根据分离的趋势产量,利用式(3-1)、式(3-2)计算出芒果减产率,负值即为减产率。

3.2.2　产量低温阴雨害危险性分析

由于芒果没有定量的灾损等级标准,因此通过统计全省各市(县)发生寒害减产的样本,确定了以下的减产率等级(表 3-3)。

表 3-3　芒果低温阴雨害减产率分级

级别	1 级(轻度)	2 级(中度)	3 级(重度)	4 级(严重)	5 级(极端)
减产率	<10%	10%~20%	20%~30%	30%~40%	>40

根据式(3-5)计算得到 18 个市(县)的低温阴雨害产量风险度,得到其空间分布(图 3-1)。如图 3-1 所示,海南岛芒果低温阴雨害的产量风险呈现由东南向西北呈逐步升高的趋势,风险度最高的地区主要集中在儋州和定安,临高、澄迈、海口和屯昌也

属于较高风险区。

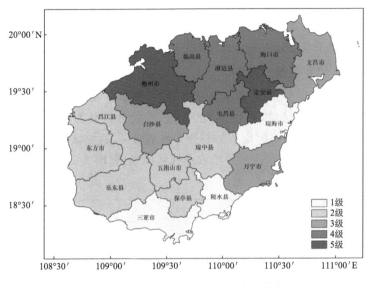

图 3-1　芒果低温阴雨害产量危险性分布图

3.2.3　产量低温阴雨害风险区划

综合低温阴雨害产量危险性和种植规模两个指标,采用自然断点法得到海南芒果产量低温阴雨害风险区划图(图 3-2)。海南岛的芒果低温阴雨害产量风险主要分

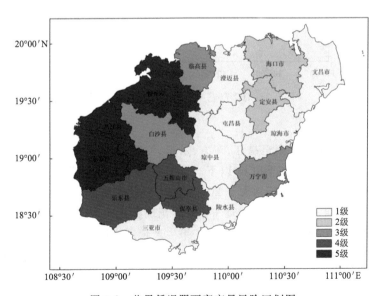

图 3-2　芒果低温阴雨害产量风险区划图

布在西部和中部地区,其中以东方、昌江和儋州为最高,尽管东方和昌江产量波动不大,危险性不高,但由于该地区是以芒果种植为主,因此造成的影响远高于其他市(县)。五指山、乐东和保亭的综合风险略低,二者风险较高的原因分别为种植规模大和危险度高。从整体看,全岛的东部和南部地区风险普遍较低。

3.2.4　分析方法和专题图的制作

利用 4 个区划指标分布图,采用专家打分法,按照表 3-1 中的芒果区划指标进行分级,即给每一个分级指标都赋予一定的分值,然后进行叠加处理得到总分数,再根据 4 个指标总分数的大小将海南芒果划分为最适宜区、适宜区、次适宜区和不适宜区4 个农业气候区,制作出海南芒果种植农业气候区划图(图 3-3)。

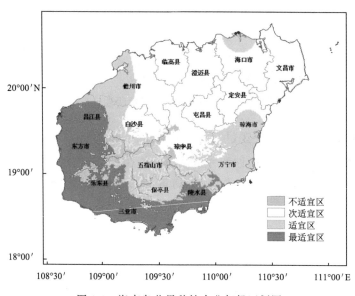

图 3-3　海南岛芒果种植农业气候区划图

1)最适宜区

本区从儋州海头镇以南至昌江、东方、乐东、三亚、保亭和陵水大部分地区的平原至丘陵台地,海拔大多数在 200 m 以下。该区是海南岛热量条件最丰富的地区,每年 12 月至次年 3 月平均气温均大于 20 ℃,光照充足冬季日照时数超过 380 h,低温阴雨小于 12 d,芒果花期低温阴雨天气导致落花现象几乎为零,气候上属干旱或半干旱区,利于芒果开花授粉及挂果,该区为芒果生产最适宜区。该区栽培不同类型的芒果品种都能获得高产量,且外观好、甜度高、经济效益好。因此,可以充分利用适宜区优越的气候条件,大力发展芒果生产,扩大种植面积,以提高经济效益,这一地区可规划为优质芒果商品生产基地。主要栽培品种:昌宋芒、白象牙芒、圣心芒、椰香芒、台农 1 号、金龙芒等。

　　2)适宜区

　　包括儋州西南部地区、海口、琼海、万宁,以及最适宜区内海拔 200～600 m 的丘陵台地或山沟或林缘湿度较大的地方亦属此类型区,为芒果生产适宜区。这一类型与最适宜区气象要素较接近,每年 12 月至次年 3 月平均气温均大于 18.5 ℃,冬季日照时数在 330～380 h,开花结果期有时湿度较大,低温阴雨 12～18 d,偶尔碰到低温阴雨寡照天气,属半干旱类型区至半湿润类型区,偶有落花现象出现。区内栽培的芒果一般较丰产稳产,但是果实相对成熟较晚,有时受多雨或湿度高的天气影响,导致果实外观较差,特别是红芒品种,会因此而色彩较暗淡,外观比最适宜区的产品差。经济效益比不上最适宜区。主要栽培品种:吕宋芒、白象牙芒、圣心芒、椰香芒、台农 1 号等。

　　3)次适宜区

　　包括北部、东北部和中部地区山区。该区是海南岛热量条件最弱的地区,每年 12 月至次年 3 月平均气温均≤18.5 ℃,冬季日照时数少于 330 h,低温阴雨大于 18 d,冬春常有低温阴雨天气,雨水也较为充沛,大部分为湿润气候类型区,小部分为半湿润区。该区为区内芒果花期低温阴雨天气导致落花现象较为普遍,常因低温阴雨影响导致产量不稳定,严重时颗粒无收;果实易受病害侵扰,外观较差,果实甜度有所下降。大多数地区果较迟熟,因此易受夏季暴风雨和台风影响,以致降低产量和经济效益。这一类型区发展芒果商品生产弊多利少,从成熟期和商品率甚至产量上都不如上述地区。因此,在该区栽培芒果,应有必要的防寒措施,并注意选取耐寒高产优质品种,避免或减轻芒果寒害,以提高芒果产量和品质。

　　4)不适宜区

　　芒果种植不适宜区主要分布在海拔 1000 m 以上的山区,该区海拔高、温度低、湿度大,云雾较重,不利于芒果正常开花结果。该区栽培芒果种植生产,不容易形成成片商品种植,经济价值较低,为不适宜芒果种植区,不应盲目种植。

3.3　结论和讨论

　　(1)低温阴雨害是影响海南芒果产量的主要气象灾害之一。本研究应用滑动平均法构建了趋势产量模型,对 1988—2010 年各市(县)的芒果产量波动进行分析,得到减产率数据序列。筛选了影响芒果产量的主要气象灾害,统计了非低温阴雨害期导致产量降低的气象指标和减产数据,提取了由低温阴雨害造成的减产数据。将低温阴雨害减产数据进行分级处理,并与各等级减产发生的概率相乘后求和得到产量风险度。产量风险度的空间分布是北部高于南部,儋州和定安风险等级最高。而最高风险区主要集中在西部的儋州、昌江和东方。

　　(2)海南的芒果种植分布广泛,品种也较多,且早熟、中熟、晚熟均有种植,不同地区间的发育期也有差异,还存在自然生长与反季节种植的差异。另外,影响低温阴雨害风险的因素很多,除温度外,海南岛大尺度和局地尺度的地形差异,海拔高度,离海远近等对平流降温和辐射降温均有一定影响(陈修治 等,2012),这些因素均为区划结果的合理带来一定的不确定性,未来还需针对这些问题进行深入研究。

(3)芒果生产对气象条件要求严格,因此,大规模芒果生产,应选择在芒果生产最适宜区,优先发展早熟、优质、售价高的优良商业品种,把这一类型区发展成为我省创名牌的优质芒果商品生产基地和出口基地。有关部门还应加强芒果保鲜技术的研究,做好芒果的保鲜工作,以便远销国内外;同时大力发展芒果深加工工业,解决芒果集中上市,价格低廉问题。

(4)在芒果生产适宜区和次适宜区,管理得当,仍然可以获取较好的经济效益。但是某些年份,开花期仍然存在长低温阴雨和寡照天气,因此,发展芒果生产,必须因地制宜,选育好品种,合理搭配早、中、晚熟品种,加强果园管理,根据当地气候特点和生产实际,制定一套与之相应的科学栽培技术,才能获得高产稳产。在部分次适宜区和不适宜区,发展芒果生产风险较大,效益欠佳。因此不宜在这一地区发展芒果商品生产。

第 4 章　海南香蕉灾害区划和种植区划

　　香蕉($Musa\ spp.$)属芭蕉科芭蕉属,是热带、亚热带水果,多年生草本植物(王云惠,2006)。香蕉植株一生只抽蕾、结实一次,从种植至成熟的生长期需 10～18 个月。温度是影响香蕉生长发育的重要因素。香蕉生长要求较高温度,其适宜的生长温度在 27 ℃左右,14 ℃以下停止生长,10 ℃以下发生寒害而导致减产(李娜 等,2010)。寒害是发生在热带、亚热带地区的常见气象灾害,是指 0 ℃以上、10 ℃以下的低温过程,危害热带、亚热带作物,造成植物的生理机能障碍,形成植株伤害、减产或严重减产的气象灾害(崔读昌,1999)。海南是我国香蕉的重要产区之一,高温高湿的气候条件非常适合香蕉的生长,种植面积呈现逐年增长的趋势,2011 年的种植面积为 5.33 万 hm²,产量达到 190 万 t,分别占全国的 14.5％和 20％(柯佑鹏 等,2012)。但受季风气候的影响,海南冬季时常遭受北方冷空气的侵袭,出现强烈降温的天气过程(温克刚 等,2008),对香蕉的生长发育和产量形成构成了威胁,严重制约了香蕉种植业的发展。例如,2008 年 1—2 月的低温天气过程,造成香蕉受损面积达到 10 万亩,北部地区的香蕉普遍心叶变黑,幼果损失严重,果品质量严重下降(朱乃海 等,2008),因此深入研究寒害发生的时空规律及其风险评估和风险区划,对防御或减轻寒害对农业生产的影响具有重要意义。

　　关于香蕉寒害的研究结果很多,主要是分析寒害的特点和致灾特性,研究寒害的致灾因子和气候综合评价指标的选取(杜尧东 等,2006),寒害的空间风险区划方法,并对华南区域及其主要省份的香蕉寒害风险的空间分异规律进行了研究(杜尧东 等,2008a;2008b;李娜 等,2010;郭淑敏 等,2010;黄永璘 等,2012),但多是从气象因子致灾的角度出发,而对于产量波动形成的灾损与寒害风险的关系研究较少,且在构建灾损序列时未考虑多种灾害的综合作用(植石群 等,2003)。另外,构建灾损序列时对于基本产量要素"理论收获面积"的模拟还缺少深入的研究(刘锦銮 等,2003),而这却是拟合单产、厘清灾损的关键。在确定灾害的概率分布时,由于样本数量不足难以做到客观准确(毛熙彦 等,2012),而信息扩散理论则可以解决小样本的概率估计问题。信息扩散是为了弥补信息不足而考虑优化利用样本模糊信息的一种对样本进行集值化的模糊数学处理方法(黄崇福 等,1998),优势在于能够进行小样本风险评估(王刚 等,2012),已广泛应用于多领域的灾害评估研究。

4.1 资料与方法

4.1.1 研究资料

海南省 18 个市(县)1990—2010 年的香蕉产量数据(种植面积、收获面积、总产量),来自 1991—2011 年的《海南省统计年鉴》;海南省 18 个市(县)气象台站 1990—2010 年台风气象数据、逐日的降水量、平均气温和最低气温数据,来自海南省气候中心;1∶5 万的地理信息数据来自海南省气象信息中心;灾情数据来自《中国气象灾害大典·海南卷》。

4.1.2 研究方法

1)香蕉减产序列的构建

作物的单产一般指在农业上的单位面积产量。相关研究表明,相邻两年作物单产的波动主要是由气象条件的差异所引起(宋迎波 等,2008;易雪 等,2010),是实际单产相对于趋势单产的偏离。

$$y = Y/A \qquad (4\text{-}1)$$

式中,y 为实际单产(单位:kg·hm^{-2}),Y 为实际总产量(单位:kg),A 为收获面积(单位:hm^2)。

对于一年生作物来说,其收获面积等同于种植面积,实际单产可由实际总产和种植面积求得。而香蕉是多年生果树,不同于单季作物。在正常管理情况下,海南南部地区在香蕉种植后 10～11 个月收获,北部地区种植后 11～12 个月收获,当年新种的香蕉要在第二年收获,因此其每年的理论收获面积,即正常气象条件下的收获面积,要低于种植面积。气象灾害的影响使得香蕉的实际收获面积又低于理论收获面积,因此获取准确的理论收获面积是进行趋势单产模拟和构建减产率序列的关键。

考虑到理论收获面积的大小与种植面积有关,而与气象灾害无关,相同种植面积下实际收获面积相对于理论收获面积的偏离与气象灾害的强度有关,因此通过构建种植面积和对应的实际收获面积的特征空间,提取其空间分布的边界方程,即可得到不同种植面积对应的理论收获面积。

趋势单产的计算采用线性滑动平均法(杜尧东 等,2006;吴利红 等,2010),根据下式计算相对气象产量,负值时为减产。

$$P = (y - y_t)/y_t \qquad (4\text{-}2)$$

式中,y_t 为趋势单产(单位:kg·hm^{-2}),P 为相对气象产量。

2)香蕉寒害减产率的分离

海南是气象灾害多发的地区,一般来说,作物的整个生育期会受到一种以上气象灾害的影响,尤其对于生育期较长的果树更是如此,产量的降低是由多种气象灾害所造成,且在不同年份起主导作用的气象灾害类型存在差异。海南的气象灾害较多,尤其是常年遭受热带气旋的侵袭,不仅对产量形成关键期造成影响,而且对作物的营养生长也会造成严重的危害。香蕉为草本果树,根浅叶茂,果穗重而脆,假茎非木质化,抗风性能差,风速超过 10 m·s⁻¹ 时对产量已有影响,风力达 6 级时叶片会被撕破,风力 9 级以上会出现植株折断或倾斜(王云惠,2006)。另外,频发的暴雨灾害易使香蕉形成渍涝烂根,干旱则会使叶片枯黄凋萎,影响花蕾抽吐,降低果数、梳数和果实长度,冬、春季长时间的冷害会抑制香蕉生长,导致心叶腐烂、裂果、果实软腐(林善枝等,2001;黄鹤丽 等,2009)。由此可知,海南的香蕉减产是受多种气象灾害的共同影响,在进行寒害风险分析时必须将寒害造成的减产分离出来。但海南的寒害年份较少,一般也同时发生其他气象灾害,难以单独构建寒害气象指标与减产关系的模型,因此,考虑在非寒害年份建立气象灾害与减产率的模型,并由此反推寒害年的寒害减产率。分离方法是首先统计灾情资料,筛选发生寒害的年份,然后统计非寒害年份的气象数据,建立 18 个市(县)的香蕉产量形成关键期的气象灾害评价指标,由线性滑动平均法计算相对气象产量,提取减产率序列,并采用回归模型建立气象灾害评价指标与减产率的方程,最后统计气象数据计算寒害年的寒害减产率。表 4-1 是海南除寒害以外的主要气象灾害的发生时段及其对香蕉的影响及评价指标,各统计量均是以灾害过程为单位进行统计,气象干旱综合指数(CI 指数)(张婧 等,2009)是以月为单位进行统计。不同于荔枝、芒果等木本果树有固定的开花期,多在冬春开花,香蕉的叶片抽生到一定程度就可长出花序,四季都可开花,因此,在统计时选择的时段是以气象灾害的主要发生时段为标准。表 4-2 是灾害指数的计算公式。

表 4-1　主要气象灾害对香蕉的影响

影响因素	热带气旋	暴雨	干旱	冷害
时段	6—11 月	4—11 月	3—10 月	12 月至次年 4 月
气象指标	最大风速(m·s⁻¹) 总雨量(mm) 日最大雨量(mm)	总雨量(mm) 暴雨强度(mm·d⁻¹)	CI 指数	日最低气温(℃) 日平均气温低于 15 ℃ 高于 10 ℃ 的日数(d)

表 4-2　主要气象灾害指数的计算

气象灾害	公式	
热带气旋	$D_{tc} = a_1 \sum_{i=1}^{n} V_{mi}^2 + a_2 \sum_{i=1}^{n} R_{ti} + a_3 \sum_{i=1}^{n} R_{mi}^2$	(4-3)
暴雨	$D_s = a_1 \sum_{i=1}^{n} R_{ti} + a_2 \sum_{i=1}^{n} R_{smi}^2$	(4-4)
干旱	$D_d = a_1 \sum_{i=1}^{n} CI_1 + a_2 \sum_{i=1}^{n} CI_2 + a_3 \sum_{i=1}^{n} CI_3 + a_4 \sum_{i=1}^{n} CI_4$	(4-5)
冷害	$D_c = \sum_{i=1}^{n} (\sum_{j=1}^{n_{ci}} t_{ci}) a_j$	(4-6)

式(4-3)至式(4-6)中，D_{tc} 为热带气旋灾害指数，V_{mi} 为最大风速，R_{ti} 为总雨量，R_{mi} 为日最大雨量，$a_1=0.4595$，$a_2=0.6154$，$a_3=0.6404$；D_s 为暴雨灾害指数，主要统计非台风期间的暴雨，R_{smi} 为暴雨强度，$a_1=0.5392$，$a_2=0.4608$；D_d 为干旱指数，其中 $-1.2<CI_1\leqslant-0.6$，$-1.8<CI_2\leqslant-1.2$，$-2.4<CI_3\leqslant-1.8$，$CI_4\leqslant-2.4$，$a_1=0.0905$，$a_2=0.1253$，$a_3=0.2446$，$a_4=0.5396$；D_c 为冷害指数，t_{ci} 为日最低气温，$j=1,2,3,\cdots,n_{ci}$，n_{ci} 为日平均气温低于 15 ℃ 且高于 10 ℃ 的日数，$i=1,2,3,\cdots,n$，n 为气象灾害过程总数；a_1,a_2,a_3,a_4 为系数，采用主成分分析法计算（杜尧东 等，2006），干旱采用层次分析法计算（曹银贵 等，2010）。

3）香蕉产量寒害危险性模拟

香蕉产量寒害危险性是寒害减产强度与其发生概率的函数，通过产量波动的幅度和频率来表征寒害的严重程度。以往对于灾害强度的研究多是基于相关的气象因子（任义方 等，2011），而较少以产量的变化来表现。本研究通过统计 18 个市（县）的寒害减产率样本，将香蕉的寒害减产分为 5 级，以各等级的平均减产率作为寒害减产强度，并计算产量寒害危险度（娄伟平 等，2009a；2009b）。

$$H_i = \sum_{k=1}^{5} P_{cki} \times p_{ki} \qquad (4\text{-}7)$$

式中，H_i 为某市（县）产量寒害危险度，P_{cki} 为某市（县）不同等级寒害减产强度，k 为寒害减产等级，p_{ki} 为某市（县）不同等级寒害减产强度发生的概率，i 为某市（县）。

寒害减产强度的概率分布采用信息扩散方法计算。

$$\boldsymbol{X} = \{x_1, x_2, x_3, \cdots, x_m\} \qquad (4\text{-}8)$$

式中，$\boldsymbol{X}$ 为实际观测的样本集合；x_i 为观测样本点，$i=1,2,3,\cdots,m$，本研究为某市（县）历年的香蕉寒害减产率；m 为样本观测总数。

$$\boldsymbol{U} = (u_1, u_2, u_3, \cdots, u_n) \qquad (4\text{-}9)$$

式中，$\boldsymbol{U}$ 为寒害减产率的论域；u_i 为控制点，$i=1,2,3,\cdots,n$；n 为控制点总数。

在样本集合 $\boldsymbol{X}$ 中，任意观测样本点 x_i 依下式将其所携带的信息扩散给 $\boldsymbol{U}$ 中的所有点：

$$f_i(u_j) = \frac{1}{h\sqrt{2\pi}} \exp\left[-\frac{(x_i-u_j)^2}{2h^2}\right] \qquad (4\text{-}10)$$

式中，h 为信息扩散系数。

$$C_i = \sum_{j=1}^{n} f_i(u_j) \qquad (4\text{-}11)$$

则任意样本 x_i 的归一化信息分布可记为：

$$u_{x_i}(u_j) = \frac{f_i(u_j)}{C_i} \qquad (4\text{-}12)$$

$$Q = \sum_{j=1}^{n} u_{x_i}(u_j) \qquad (4\text{-}13)$$

$$p(u_j) = \frac{u_{x_i}(u_j)}{Q} \tag{4-14}$$

$$P(u \geqslant u_j) = \sum_{j=1}^{n} p(u_j) \tag{4-15}$$

$p(u_j)$ 即为所有样本落在 U 处的频率值,将这些频率值作为概率估值,则其超越概率的表达式如式(4-15)。

4)香蕉产量寒害风险区划

香蕉的产量寒害风险不仅与自身受寒害影响造成的产量波动有关,还与其在当地的种植规模有关,即与其种植面积占该市(县)农作物总种植面积的比例有关(式(4-16))。种植规模主要体现了作物本身对于当地经济的重要性。在相同危险度的情况下,种植规模越大,其对于市(县)农业经济的贡献也越大,对产业的影响要高于种植规模较小的市(县),形成的产量风险也更高,因此产量风险应为产量危险度与种植规模的乘积(式(4-17))。

$$A_{di} = \frac{A_{pi}}{A_{si}} \tag{4-16}$$

式中,A_{di} 为某(市)县香蕉的种植规模,A_{pi} 为某市(县)香蕉的种植面积(单位:hm²),A_{si} 为某市(县)农作物的播种面积(单位:hm²)。

$$R_i = H_i \times A_{di} \tag{4-17}$$

式中,R_i 为某市(县)产量风险度。

4.1.3　香蕉寒害风险模型

依据自然灾害风险分析理论,灾害风险一般由致灾因子危险性、孕灾环境敏感性和承灾体易损性共同形成的,同时,防灾减灾能力也是制约和影响自然灾害风险的因素之一(王丽媛 等,2011)。本研究基于该理论,构建如下香蕉寒害风险指数计算模型:

$$FDRI = VH^{wh} VS^{ws} VV^{wv} (1 - VR)^{wr} \tag{4-18}$$

式中,$FDRI$ 为香蕉寒害风险指数,VH、VS、VV、VR 分别为致灾因子危险性、孕灾环境敏感性、香蕉易损性、防寒抗灾能力各评价因子指数,wh、ws、wv、wr 分别为各评价因子的权重,权重的大小依据各因子对寒害的影响程度大小,由专家打分法确定。

香蕉寒害的致灾因子危险性、孕灾环境敏感性、香蕉易损性、防寒抗灾能力 4 个评价因子又包含若干个指标,为了消除各指标的量纲和数量级的差异,对每一个指标进行归一化处理。各指标归一化公式(防寒抗灾指数不加 0.5)为:

$$D_{ij} = 0.5 + 0.5 \times \frac{A_{ij} - \min_i}{\max_i - \min_i} \tag{4-19}$$

式中,D_{ij} 是 j 区第 i 个指标的规范化值,A_{ij} 是 j 区第 i 个指标值,$\min_i$ 和 $\max_i$ 分别是第 i 个指标值中的最小值和最大值。

致灾因子危险性指数计算采用加权综合评价法：

$$V_j = \sum_{i=1}^{n} W_i D_{ij} \tag{4-20}$$

式中，V_j 是评价因子指数，j 是评价因子个数，D_{ij} 是对于因子 j 的指标 i 的归一化值，由式(4-2)计算得到，n 是评价指标个数，W_i 是指标 i 的权重。

4.1.4　香蕉种植农业气候区划指标和模型建立

热带气旋是海南省主要气象灾害，风力强度达强热带风暴或以上级别的热带气旋对海南香蕉危害很大，是海南香蕉种植必须考虑的因素。因此，选取区划因子：10级大风频次、冬季平均温度（影响香蕉生长速度）和年日照时数（影响果实品质）。海南香蕉种植都有相应的浇灌措施，因此降雨量对生产影响不予考虑。通过上述 3 个划区指标（表4-3）进行综合分区，采用专家打分的方法，划分海南岛种植香蕉的最适宜区、适宜区、次适宜区。

表 4-3　海南香蕉农业气候区划指标

区划指标因子	最适宜区	适宜区	次适宜区
10 级大风频率（次·(10a)$^{-1}$）	<3	3~4	>4
冬季平均温度	>20 ℃	18.5~20 ℃	<18.5 ℃
年日照时数	>2030 h	1960~2030 h	<1960 h

为了客观描述香蕉 3 个农业气候区划指标在海南的实际分布，建立一套空间分析模型，以推测区划指标在无站点地区的分布状况。建立气候要素与地理要素的关系模型方法如式(4-21)：

$$y = f(\varphi, \lambda, h, \beta, \theta) + \varepsilon \tag{4-21}$$

式中，y 为农业气候要素，φ 为纬度，λ 为经度，h 为海拔高度，β 为坡向，θ 为坡度等地理因子，ε 为余差项，可认为是拟合的气候学方程的残差部分。

利用海南岛 18 个市（县）气象台站的观测资料(1961—2010 年)，及对应站点的经度、纬度、海拔高度、坡度、坡向等地理信息数据，应用数理统计的回归分析方法，将冬季平均气温、年日照时数、10 级或以上风力出现频次分别作为因变量，建立香蕉 3 个气候区划指标因子的空间推算模型（表4-4），各模型的复相关系数在 0.56~0.90，F 值为 1.1~10.1，通过了信度 0.05 和 0.10 的显著性检验，表明模型具有良好的回归效果。

表 4-4　气候区划指标空间分析模型

区划指标因子	模型表达式	复相关系数	F 值
冬季平均温度	$Y = 71.64 - 0.097\varphi - 2.13\lambda - 0.004h - 0.068\beta - 0.0002\theta$	0.90	10.4
年日照时数	$Y = 21171 - 152.6\varphi - 113.9\lambda - 0.26h - 12.7\beta - 0.468\theta$	0.56	1.1
10 级大风频率	$Y = -862.3 + 9.33\varphi - 6.63\lambda - 0.011h - 0.38\beta + 0.0042\theta$	0.88	8.6

4.2　结果与分析

4.2.1　基于产量的香蕉寒害风险

1)理论收获面积模拟

新种香蕉至成熟收获大约需要一年到一年半的时间,因此,当年的收获面积不仅与当年的气象灾害有关,还与前一年的种植面积有关。对海南 18 个市(县)1990—2010 年的香蕉当年种植面积和当年收获面积,前一年种植面积和当年收获面积进行相关分析,分别求得二者的相关系数 r_A 和 r_B,均通过 0.05 水平的显著性检验。结果表明,18 个市(县)中有 13 个市(县)的 $r_B > r_A$,即香蕉当年的收获面积与前一年的种植面积之间存在更强的相关性。因此,通过以全省数据绘制以上两个因子的空间散点图,构建收获面积相对种植面积分布的特征空间(图 4-1)。如图 4-1 所示,散点分布的上边界代表了收获面积的最大值,即理论收获面积,而且可以发现其分布特征为线性。

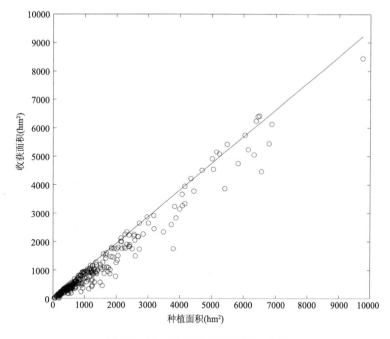

图 4-1　香蕉的理论收获面积拟合图

应用 Matlab 拟合上边界方程(式(4-22)),$R^2 = 0.9943$,说明模型拟合的效果较好。样本的数量越多,影响香蕉收获的气象灾害强度越弱,模拟的精度越高。对于某一种植面积,如果其对应的实际收获面积中的最大值低于拟合值,则理论收获面积等于拟合值;反之,则理论收获面积等于最大的实际收获面积。由理论收获面积和实际总产量求得实际单产,采用线性滑动平均法计算各市(县)的趋势单产,应用式(4-22)得到香蕉的减产率序列。

$$A_{ai} = 0.9392 \times A_{pi} + 55.557 \tag{4-22}$$

式中,A_{ai}为某市(县)香蕉的理论收获面积(单位:hm²)。

2)产量寒害危险性

以海南省香蕉历年的总减产序列为基础,统计 1990—2010 年海南各市(县)的逐日温度、逐日降水和历次热带气旋数据(风速、降水量),提取表 4-1 中各气象灾害过程(热带气旋、暴雨、干旱和冷害),统计历年的各气象灾害过程的单项气象指标(表4-1),数据标准化后依式(4-3)至式(4-6)分别计算得到以上 4 种气象灾害所对应的综合灾害指数的年序列。将上述序列依据最高和最低指数等比例划分为 4 个等级来表现灾害强度,由低至高分别对应轻度灾害、中度灾害、重度灾害和严重灾害,通过分析图 4-1 中上边界散点对应年份的灾害强度,来检验拟合方法的正确性。由于气象灾害是共同作用于承灾体,因此,需要对 4 种气象灾害进行综合考虑。统计结果表明,历年 4 种灾害中有 3 种以上灾害强度为中度或轻度的比例是 75.76%,有 2 种以上为中度或轻度的比例是 100%,而 2 种以上灾害强度为轻度的比例也达到了60.61%,说明上边界散点对应年份的气象灾害较少或强度较弱,将其收获面积近似作为理论收获面积是合理的。

由 18 个市(县)的总减产率与 4 个综合气象灾害指数建立回归方程,结果通过0.05 水平的显著性检验。将寒害年的综合气象灾害指数代入回归方程,得到非寒害年气象灾害减产率,寒害减产率为总减产率与非寒害减产率的差。分析全省各市(县)的寒害减产率序列可以发现,海南极少发生减产 40% 以上的寒害,减产 30% 以下和 20% 以下的样本分别占总数的 86.4% 和 79.5%,说明海南的香蕉寒害是以发生较低减产为主。由寒害样本的时间分布看,1994—1997 年是海南发生香蕉寒害的主要时期,数量占总体的 47.73%;1998—2002 年发生寒害较少,数量占总体不到10%;频次的时间变化呈现先升高再降低,而后平稳的趋势,1994 年寒害开始增多,至 1996 年达到最高,而后呈下降趋势,2003 年后又略升高并保持平稳。从寒害样本的空间分布看,北部、中部和西部是发生寒害减产的主要地区。

由于海南省的香蕉寒害灾情样本数量较少,难以对其概率分布函数进行合理的假设,因此采用信息扩散方法计算不同寒害减产强度的发生概率。取论域 $U = \{0, 0.02, 0.04, \cdots, 1\}$,由式(4-10)至式(4-15)计算得到寒害减产的概率估计。表 4-5 是海南省主要寒害减产区减产强度的概率估计,可以发现,澄迈发生严重减产的概率较高,减产 50% 以上的概率达到 6.67%,琼中和屯昌的高减产概率也相对较高;海口和白沙则是以轻度减产为主,减产多在 20% 以下,而海口与儋州较少发生 4% 以下的减产。

表 4-5　海南省寒害减产的概率估计

市（县）	4％	8％	12％	16％	20％	24％	28％	32％	40％	50％	60％
海口	0.9999	0.8302	0.0001	0.0000	0.0000	0.0000	0.0000	0.0000	0.0000	0.0000	0.0000
文昌	0.8081	0.6052	0.4197	0.2694	0.1594	0.0859	0.0414	0.0175	0.0020	0.0000	0.0000
澄迈	0.9111	0.8141	0.7128	0.6113	0.5132	0.4218	0.3394	0.2671	0.1542	0.0667	0.0235
定安	0.9076	0.7755	0.6141	0.4446	0.2909	0.1703	0.0882	0.0401	0.0054	0.0002	0.0000
屯昌	0.9197	0.8144	0.6908	0.5600	0.4342	0.3227	0.2301	0.1569	0.0620	0.0127	0.0014
五指山	0.8693	0.7167	0.5588	0.4109	0.2833	0.1811	0.1057	0.0555	0.0105	0.0006	0.0000
琼中	0.8851	0.7636	0.6420	0.5264	0.4215	0.3301	0.2531	0.1898	0.0992	0.0368	0.0104
儋州	0.9999	0.9994	0.9852	0.8669	0.5209	0.1569	0.0192	0.0008	0.0000	0.0000	0.0000
白沙	0.6639	0.3106	0.0945	0.0177	0.0020	0.0001	0.0000	0.0000	0.0000	0.0000	0.0000

依式（4-7）计算得到海南各市（县）香蕉产量寒害危险性的空间分布（图 4-2）。从图中可以看出，危险性较高的区域主要存在于北部、中部和西部，而南部、东南部和西南部的危险性较低。北部和中部市（县）的危险性整体较高，均在中等以上，西部儋州的危险等级为全岛最高，而西部其他地区的危险性较低。造成这种分布特征的原因主要是由于冷空气的活动（王鼎祥，1985），海南冬季盛行东北季风，冷空气的移动路

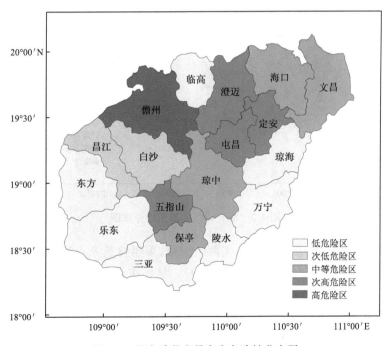

图 4-2　海南香蕉产量寒害危险性分布图

径多是由临高、澄迈和定安向中部琼中、五指山方向移动,即由东北向西南的方向,在中部遇到山脉形成阻塞,并沿山体东、西两侧分流,强度减弱,冷空气经过的地区是寒害发生的主要区域。由此可知,北部的冷空气强度大,中部的冷空气堆积,另外山间盆地的地形条件有利于辐射降温,而西部的风速较大,增强了寒害的作用,因此导致以上地区的危险性高于其他地区。

3)产量寒害风险区划

通过分析海南省各市(县)香蕉的种植面积,发现种植面积较大的地区主要分布在北部和西部的沿海市(县),包括海口、澄迈、临高、昌江、东方和乐东,面积均在3000 hm² 以上,其中东方为全岛最高。图 4-3 是香蕉种植规模的分布,其规律与种植面积的分布特征较相似,北部和西部的种植规模多在次高级别以上,说明香蕉在这些地区的种植业结构中占有重要地位,对于产量波动的敏感性较大。

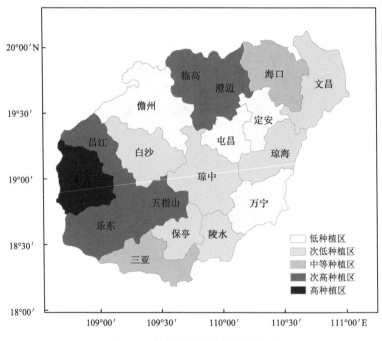

图 4-3　海南香蕉种植规模分布图

综合寒害产量危险性和种植规模两个指标,采用自然断点法(武增海 等,2013)得到海南香蕉产量寒害风险区划图(图 4-4)。从图中可以看到,海南香蕉的产量寒害风险是以低级别为主,多数市(县)在次低风险以下。五指山的风险最高,澄迈、海口和昌江略低,东部沿海地区和南部三亚的风险最低,基本不受寒害影响。造成这种结果的原因主要在于香蕉寒害产量危险性与种植规模在空间分布上的差异,危险性的高值区分布在北部和中部,而对应区域的种植规模多数较低。由风险的构成上看,五指山和澄迈的危险性及种植面积比例均达到次高级别,因此风险高于其他地区;儋州虽然危险性最高,但香蕉的种植面积小,导致风险较低。东部沿海和南部三亚的寒害风险总体较低,适合香蕉种植,限制其发展的主要因素是频发的台风灾害。

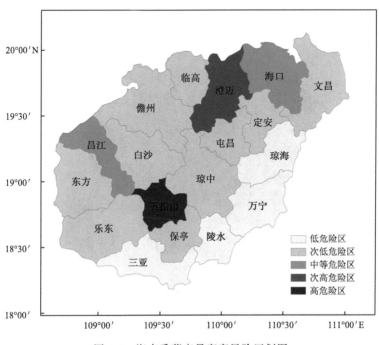

图 4-4　海南香蕉产量寒害风险区划图

4.2.2　香蕉寒害风险区划

1)致灾因子危险性区划

致灾因子危险性表示引起香蕉寒害的致灾因子强度及概率特征,是香蕉寒害产生的先决条件。本研究采用的香蕉寒害致灾因子的危险强度指数是我国气象行业标准《香蕉、荔枝寒害等级》(中国气象局,2007)定义的综合寒害指数,它是最大降温幅度、极端最低气温、日最低气温≤5.0 ℃的持续日数和日最低气温≤5.0 ℃的积寒的加权综合,其权重系数由主成分分析法确定。之后将全省的危险强度指数按降序排列,采用百分位数法,将其划分成 5 个等级(60%～80%、80%～90%、90%～95%、95%～98%、≥98%位数对应的等级分别为 1,2,3,4,5 级),并统计各市(县)不同寒害等级的发生频次。根据香蕉寒害强度等级越高,对寒害形成所起的作用越大的原则,1～5 级的权重系数分别为 1/15,2/15,3/15,4/15,5/15(唐为安 等,2012)。最后采用式(4-20)计算各站点的致灾因子危险性指数,即不同等级寒害强度权重与不同等级寒害强度发生的频次归一化后的乘积之和,并利用 ArcGIS 中的克里金插值法将其插值到全岛范围内的 1000 m×1000 m 网格点上,自然断点分级(以下等级划分方法类同)将致灾因子危险性指数按5个等级划分,得到海南岛香蕉寒害致灾因子危险性区划结果(图4-5)。

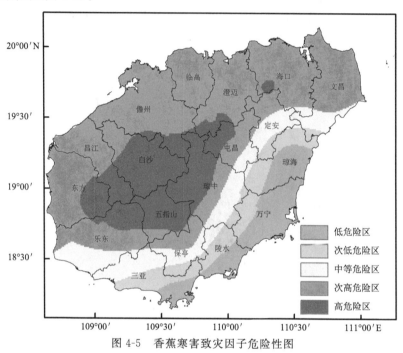

图 4-5　香蕉寒害致灾因子危险性图

从图中可看出,海南岛香蕉寒害致灾因子高危险性区主要位于中部地区,包括五指山市和白沙县的大部分地区,昌江县、东方市、儋州市东南角,乐东市东北角,琼中县和屯昌县西部,澄迈西南角等区域;次高危险性区主要为北部和西部地区,包括文昌市、海口市、澄迈县、临高县、儋州市、昌江县、东方市的大部分地区及定安县、屯昌县、琼中县、保亭县、乐东县和白沙县的部分地区;中等至低危险性区主要位于东部和南部地区,包括琼海市、万宁市、陵水县和三亚市及其相邻市(县)的部分地区。通过查阅历史灾情(《中国气象灾害大典》编委会,2008),发现致灾因子危险性区划评估结果与海南岛寒害实际发生情况基本一致,次高以上危险性区均为寒害的高发区,而次低以下危险性区均为少发区。出现上述分布情形与海南岛地形关系较大,海南岛四周低平,中部高耸,中部存在五指山(1876 m)和1500 m以上的6座山峰。冷空气到达中部时,由于山区的屏障作用,影响天气系统的运动,阻滞南北、东西气流的交换和水汽的流通,使海南岛形成较明显的气候差异,北部西部气温低于南部和东部。

2)孕灾环境敏感性区划

孕灾环境指孕育香蕉寒害的自然环境。研究表明影响气温分布与变化的因素主要包括:宏观地理条件、测点海拔高度、地形(坡向、坡度、地形遮蔽度等)、下垫面性质等(袁淑杰 等,2010)。本研究结合海南岛实际情况,选取海拔高度作为香蕉寒害孕灾环境敏感性指标。在对流层气温随高度增加而降低,降低的量值平均而言,高度每增加 100 m 气温下降 0.65 ℃(周淑贞,1997)。因此,海拔越高越易产生寒害,香蕉寒害孕灾环境敏感性也越高。对 DEM 数据按式(4-19)进行归一化处理,然后自然断点分级得到海南岛香蕉寒害孕灾环境敏感性区划图(图 4-6)。可看出,海南岛香蕉寒害孕灾环境高、次高敏感性区主要位于海南岛中部五指山山脉、鹦哥岭山脉和雅加大岭山脉高海拔区域。以其为核心,孕灾环境敏感性等级向外逐渐降低。

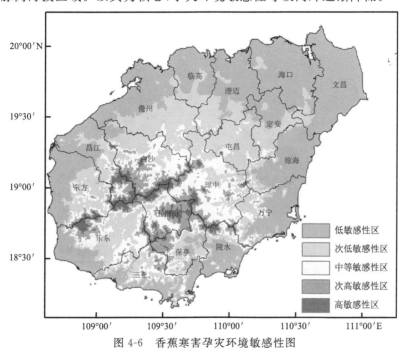

图 4-6 香蕉寒害孕灾环境敏感性图

3)香蕉易损性区划

香蕉易损性表示香蕉易于遭受低温威胁和损失的性质和状态。研究表明香蕉易损性与种植密度关系密切。香蕉密度越高,抗御寒害的能力越差,易损性愈高,风险也越大(植石群 等,2003)。因此本研究选取香蕉种植比例作为香蕉易损性指数,公式为:

$$VV = \frac{S_1}{S_2} \qquad (4-23)$$

式中,S_1 为某地香蕉种植面积,S_2 为耕地总面积。

利用海南岛 1988—2010 年各市(县)耕地面积和香蕉种植面积计算得到各地香蕉易损性指数,归一化后划分等级得到海南岛香蕉易损性区划图(图 4-7)。可看出海南岛香蕉寒害易损性高值区主要位于西南部,其中五指山市和乐东县香蕉种植比例最高,分别为 41.4% 和 12.5%,寒害易损性最强;三亚市和东方市种植比例次高,为 11% 左右,寒害易损性次强。易损性中值区包括琼中县、昌江县、临高县和澄迈县,香蕉种植比例在 6.6%～8.6%;其余地区香蕉种植比例在 6% 以下,为次低和低易损性区。

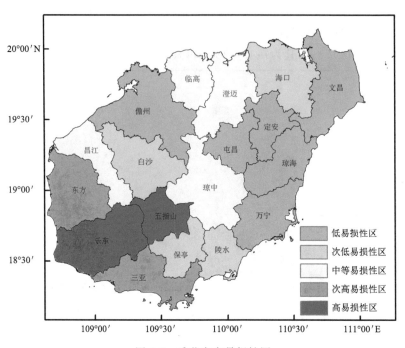

图 4-7　香蕉寒害易损性图

4)防寒抗灾能力

要准确计算香蕉对寒害的防御能力比较困难,但一般情况下,经济愈发达,生产水平愈高的地区,香蕉栽培管理的水平也越高,抗灾能力也越强(植石群 等,2003)。本研究以香蕉实际产量与最高产量的比值表示防寒抗灾能力,公式为:

$$VR = \frac{Y}{Y_{max}} \tag{4-24}$$

式中,Y 为各市(县)1988—2010 年平均产量(单位:kg·hm^{-2}),Y_{max} 为 1988—2010 年全省最高产量(单位:kg·hm^{-2})。

根据式(4-24)得到海南岛各市(县)香蕉寒害防寒抗灾能力指数,归一化后划分等级得到海南岛香蕉防寒抗灾能力区划图(图 4-8)。可看出海南岛三亚市、乐东县和澄迈县香蕉产量最高,防寒抗灾能力指数(VR)值在 59.1% 以上,为寒害高防寒抗灾能力区;东方市、昌江县、儋州市、海口市和琼海市产量次高,VR 值在 45.3%～55.9%,为次高防寒抗灾能力区;临高县、文昌市、定安县和陵水县产量中等,VR 值在 30.7%～43.4%,为中等防寒抗灾能力区;其余地区 VR 值在 21% 附近,为次低和低防寒抗灾能力区。

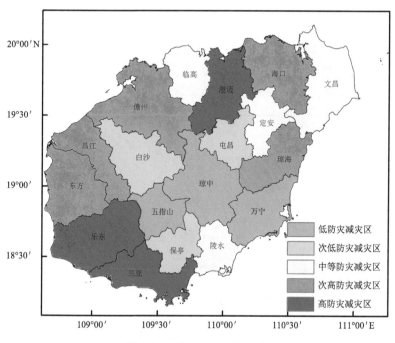

图 4-8　香蕉防寒抗灾能力图

5）综合风险区划

采用专家打分法,对式(4-20)中 4 个因子分别取 0.4,0.3,0.2,0.1 的权重系数,按该式利用 ArcGIS 栅格计算模块计算得到香蕉寒害风险指数,分级后得到海南岛香蕉寒害综合风险区划图(图 4-9)。可看出海南岛香蕉寒害综合高和次高风险区主要位于中部,其中高风险区主要为五指山市,该区寒害综合风险指数≥0.73,地处山区,为寒害高发区。海拔最高达 1700 多米,孕灾环境敏感性高。香蕉种植比例高达41%,易损性强,而产量低,只有 7000 kg·hm^{-2}左右,防寒抗灾能力弱,不适宜大面积种植香蕉;次高风险区寒害综合风险指数为 0.63~0.72,主要包括白沙县、琼中县大部分地区,东方市、昌江县和乐东县 3 县交界处及附近区域,保亭县北部和屯昌县西部。该区绝大部分区域地处山区,总体上为寒害高发区,海拔较高,孕灾环境敏感性较高。所包含的琼中县、白沙县、屯昌县和保亭县地区香蕉种植比例和产量水平较低,易损性和防寒抗灾能力较低,而其他区域相反,即香蕉种植比例和产量水平较高,易损性和防寒抗灾能力较强;次低和低风险区主要位于海南岛东部和南部地区,包括琼海至三亚沿海一带市(县)。该区寒害综合风险指数≤0.51,几乎不发生寒害,海拔低,孕灾环境敏感性低,产量水平较高,防寒抗灾能力较强,但因有台风登陆,香蕉种植比例较低;其余地区为中等风险区,主要为海南岛北部和西部、南部部分地区,该区寒害发生频率较高,但海拔较低,孕灾环境敏感性较低,香蕉种植比例总体为中等,产量水平较高。通过查阅历史灾情资料,发现海南岛中部的五指山市、琼中县和白沙县是农作物寒害的重灾区和高发区,而东部和南部的琼海市、万宁市、陵水县、三亚市农作物寒害受灾为轻度或不发生寒害(《中国气象灾害大典》编委会,2008)。同时,也有文献指出海南岛中部因四面环山昼热夜凉,香蕉种植需考虑冬季低温的影响(魏守兴等,2004)。可见本研究区划结果与实际情况比较吻合。

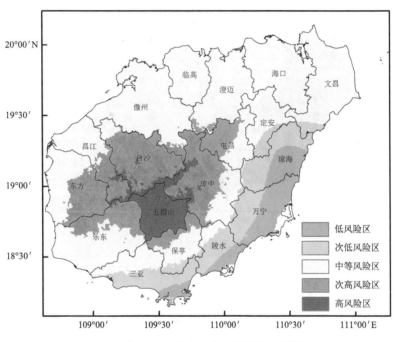

图 4-9　海南岛香蕉寒害综合风险区划图

4.2.3　香蕉种植农业气候区划

利用 3 个区划指标分布图,采用专家打分法,按照表 4-3 中的香蕉区划指标进行分级,即给每一个分级指标都赋予一定的分值,然后进行叠加处理得到总分数,再根据 3 个指标总分数的大小将海南香蕉划分为最适宜、适宜和次适宜农业气候区,制作出海南香蕉种植农业气候区划图(图 4-10)。

1)最适宜区

主要分布在儋州西南部、昌江、东方、乐东和三亚西部,该地区冬春气温最高,冬季温度均在 20 ℃以上,全年无霜,尤其是南部和西南部地区日照充足,基本无寒害影响。该区降雨量为全省最少,基本无洪涝灾害;该区台风登陆中等,直接影响相对较弱。香蕉生长周期 8~11 个月,适宜种植春蕉,收获时间一般在 12 月至次年 3 月,正好是元旦和春节前后上市,价格为全年最高,是海南岛香蕉种植最适宜区。

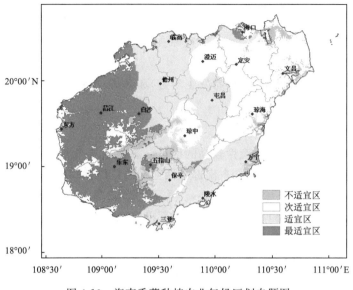

图 4-10　海南香蕉种植农业气候区划专题图

但该区年降雨量较少,香蕉水分敏感期如花芽分化果实膨胀期,尽量避开旱季,因为缺水将导致香蕉花蕾抽生困难,或抽生后很难弯头,香蕉果实短小如指,即使过后下雨或灌溉也无法补救。香蕉园建园必须重视防旱,应靠近水源或者打井抽水铺设水管进行灌溉。

2)适宜区

主要分布在北部和东南部地区,包括海口、临高、儋州、澄迈南部、屯昌、万宁、保亭东部、陵水和三亚部分地区。该区温度条件满足香蕉的需求,雨量充沛,日照充足。

其中,北部地区台风影响较小,但冬季有低温、夏季有高温影响,香蕉生长周期10~13个月,主要收获季节为 4—8 月。香蕉花期和果实膨大期注意避过冬季的低温寒害期。东南部地区台风影响频繁,收获时间应安排在 2—7 月为宜,香蕉生长周期 8~11 个月,适宜种植春蕉和夏蕉,种植重点是合理安排香蕉关键期避过台风影响。

3)次适宜区

主要分布在东北部和中部地区,包括海口东部、文昌、定安、澄迈东部、琼海、琼中等。该区水分条件充足,热量和日照条件一般。

其中,中部地区基本上不受台风的危害,但冬季低温影响时间较长,香蕉生产周期 11~14 个月。冬春季节温度较低,香蕉生产关键期应尽量避过该季节,适宜种植夏蕉或秋蕉;日照相对偏少,须注意控制种植密度。

东部地区,温度和水分条件好,但台风影响频繁,有可能对果实迅速膨大期和成熟期的香蕉造成毁灭性影响；该区降雨量偏多，种植在低洼地区的香蕉容易发生湿涝灾害。种植重点是合理安排香蕉关键期避过台风影响，胶园内应建设良好的排水系统，收获时间应安排在 2—7 月为宜，适宜种植春、夏蕉。

　　4)不适宜区

　　主要是一些海拔较低地区(容易发生涝害)和海拔较高的山区。

4.3　结论与讨论

　　(1)海南香蕉产量寒害危险性较高的区域主要存在于北部、中部和西部，其中儋州的危险等级为全岛最高，南部、东南部和西南部的危险性较低。种植规模较大的地区主要分布在北部和西部的沿海市(县)。香蕉的产量寒害风险是以低级别为主，五指山的风险最高，澄迈、海口和昌江略低，东部沿海地区和南部三亚的风险最低，基本不受寒害影响。

　　(2)海南冬季主要受华南沿海气候锋北侧的变性大陆冷气团影响(王鼎祥，1985)，大部分地区时常有冷空气出现，而香蕉不耐低温，其营养生长、孕蕾和果实发育等阶段均有可能受害，对生理、生态特性及产量形成造成影响(刘玲 等，2003)，但海南的寒害在频次和强度上要低于华南的其他地区，其形成灾损的程度还需进行机理性研究，另外全球气候变暖是否会降低热带作物对于低温的耐受性也有待研究(李娜 等，2010)。还有研究表明，轻度寒害对香蕉的影响不大，中小吸芽可正常生长，只是抽蕾期和挂果期延后，而产量无明显变化(林贵美 等，2011)，适度的低温还会增强幼苗的抗冷性(林善枝 等，2001)，因此需要对香蕉寒害期生理、生态性状的表达做进一步的研究，以实现不同寒害强度对产量影响的准确评价。寒害和冷害是不同的气象灾害类型，发生的条件、生理反应和形成的危害都有一定的差异(崔读昌，1999)，许多研究对此缺少准确的区分。

　　(3)大规模香蕉生产，应选择在香蕉生产最适宜区，合理安排种植期，控制香蕉果实成熟期，避开热带气旋危害。台风较多的地区，要选择一些台风自然屏障地形、立防风桩保护，及营造防风林。在香蕉生产适宜区和次适宜区，管理得当，仍然可以获取较好的经济效益。但是某些年份，开花期仍然存在长期低温阴雨和少日照天气，因此，发展香蕉生产，必须因地制宜，控制香蕉抽蕾期和果实膨大期，避开低温影响。加强果园管理，根据当地气候特点和生产实际，制定一套与之相应的科学栽培技术，才能获得高产稳产。

第5章 海南荔枝灾害区划和种植区划

荔枝(*Litchi chinensis* Sonn.)属无患子科荔枝属植物,原产于中国南部,是亚热带果树,常绿乔木。荔枝对温度的要求较严,主产区年平均气温 20～23 ℃。荔枝小花在 10 ℃以上才能开花,18～24 ℃开花最盛(王云惠,2006),期间如遭遇低温则易引发寒害而导致减产(李娜 等,2010)。寒害是发生在热带、亚热带地区的常见气象灾害,是指 0～10 ℃的低温过程,危害热带、亚热带作物,造成植物的生理机能障碍,形成植株伤害、减产或严重减产的气象灾害(崔读昌,1999)。海南是荔枝的重要产区之一,气候条件非常适合荔枝的生长,种植面积也呈逐年增长的趋势。但海南冬季常遭受北方冷空气侵袭,1962 年、1975 年、1996 年、2005 年均出现了严重降温的天气过程(温克刚 等,2008),影响了荔枝的正常开花而形成寒害,严重制约了荔枝种植业的发展,因此深入研究寒害发生的时空规律及其风险评估和风险区划,对防御或减轻寒害对农业生产的影响具有重要意义。

关于气象灾害风险分析和区划已有许多研究结果(李娜 等,2010;刘锦銮 等,2003;杜尧东 等,2006;霍治国 等,2003;李勇 等,2010;郭淑敏 等,2010)。杜尧东等(2006)基于寒害的发生特点、致灾特性研究了寒害致灾因子和综合评价指标的选取,最终提出以极端最低气温、最大降温幅度、持续日数和有害积寒 4 个因子构建寒害指数。霍治国等(2003)通过对气象资料、产量资料和灾情资料的综合分析,研究了气象灾害评价因子序列和灾损序列的构建。也有学者对风险评价的技术方法进行了研究。如包云轩等(2012)运用正交经验函数(Empirical Orthogonal Function,EOF)分析和 Morlet 小波分析方法探讨了江苏省冬小麦春霜冻害的时空分布规律,并构建了灾害风险指数,用该指数进行冬小麦春霜冻的气候风险区划。于飞等(2009)基于信息扩散理论、不确定性理论以及风险矩阵法,对贵州省 8 种主要农业气象灾害风险进行综合评价与区划。寒害风险的研究也取得了一定的进展,李娜等(2010)、刘锦銮等(2003)对华南荔枝寒害风险的区域分异规律进行了研究,李勇等(2010a;2010b)分析了气候变暖对热带作物寒害风险的影响,杜尧东等(2008b)对寒害的风险辨识进行了研究。但前人对风险的研究多从气象因子致灾角度出发,在进行灾害分级和灾害发生概率的分析时也均以气象指标为基础,而较少由产量波动形成的灾损进行逆向评价(李娜 等,2010;刘锦銮 等,2003;霍治国 等,2003),且评价方法多为建立综合指标评价体系,实现对不同因素综合影响的表达,以此界定风险的大小(李勇 等,

2010a;2010b;郭淑敏 等,2010),但指标体系的构建和指标权重的设定均存在较大的主观性与不确定性,在确定灾害的概率分布时较难做到客观准确(毛熙彦 等,2012)。

一般来说,造成作物产量降低的风险是由于关键生育期受多种气象灾害的影响,但以往的大多研究均针对单一的灾害类型进行灾损分析,而未考虑多灾种的综合作用(王素艳 等,2005;吴东丽 等,2011),娄伟平等(2009b)在研究柑橘气象灾害风险评估和农业保险产品设计时,通过构建致灾指标,建立回归模型,对低温冻害、热害和干旱形成的减产率进行了分离。在构建多年生作物的灾损序列时,由于种植的作物在当年不是完全收获,因此不能用种植面积计算实际单产,获取理论上的可收获面积是厘清灾损的关键,而这方面还缺少深入研究(刘锦銮 等,2003;霍治国 等,2003)。刘锦銮等(2003)通过对荔枝实际收获面积与年份的线性回归计算了理论收获面积,但对于气象灾害多发的地区则易出现低估。娄伟平等(2009a)采用以严重寒害年为分界点,对总产量与前几年种植面积进行分段逐步回归的方法求算趋势总产,由趋势总产和实际总产得到减产率,但该方法对灾情资料的完整性要求较高。

5.1 资料与方法

5.1.1 资料来源

海南各市(县)1990—2010 年的荔枝产量数据(种植面积、收获面积、总产量)来自 1991—2011 年《海南统计年鉴》,其中东方市缺少收获面积和总产量数据;海南各市(县)气象台站 1990—2010 年的历次台风过程的气象数据,逐日降水量、平均气温、最低气温和最高气温数据来自海南省气候中心;空间数据为 1:5 万的地理信息数据,来自海南省气象信息中心;灾情数据来自《中国气象灾害大典·海南卷》。

5.1.2 研究方法

1)荔枝减产序列的构建

相关研究表明(易雪 等,2010;宋迎波 等,2008),相邻两年作物单产的波动主要由气象条件的差异引起,是实际单产相对于趋势单产的偏离。作物单产为总产量除以当年可以收获的面积,即理论收获面积。一年生作物的种植面积即为当年可收获面积,而多年生作物的种植面积大于当年可收获面积,因此不能用于实际单产的计算。荔枝是多年生果树,由定植到收获一般需要 4 年时间,因此每年的理论收获面积小于种植面积,且当生产期间遇到气象灾害时实际收获面积也会小于理论收获面积,所以,为了构建荔枝减产率序列,首先应对理论收获面积进行估算,并依据理论收获面积计算历年的实际单产 y(单位:kg·hm^{-2}),即

$$y = Y/A \tag{5-1}$$

式中,Y 为荔枝实际年总产量(单位:kg),A 为理论收获面积(单位:hm^2)。

理论收获面积与种植面积有关而与气象灾害无关。一般相同种植面积下实际收

获面积相对于理论收获面积的偏离与气象灾害的强度有关,因此,通过建立种植面积与实际收获面积的空间关系,提取其空间分布的边界方程,即可得到不同种植面积对应的理论收获面积。

采用线性滑动平均法计算趋势单产(杜尧东 等,2006;吴利红 等,2010),以 10 年为滑动步长分离各市(县)的荔枝趋势单产,并计算相对气象产量,即

$$P = (y - y_t)/y_t \times 100 \tag{5-2}$$

式中,y_t 为趋势单产(单位:kg·hm^{-2}),P 为相对气象产量(单位:%),$P<0$ 表示减产。

2)荔枝寒害减产率的分离

海南气象灾害发生频繁,尤其常年遭受热带气旋的侵袭,6 级以上大风会导致荔枝大量落果和折枝,9 级以上大风会导致大量落叶和扭伤枝条(王云惠,2006)。2—5 月荔枝开花、坐果期还可能遭遇干旱、低温冷害、高温热害和非台风暴雨等气象灾害而导致落花落果(张承林 等,2005;薛进军 等,2008;谭宗琨 等,2006a;2006b)。荔枝各生育期可能遇到的气象灾害及其影响见表 6-1。

在进行寒害风险分析时应将寒害造成的减产进行分离。根据灾情资料筛选发生寒害的年份,研究期海南寒害年为 1990 年、1995 年、1996 年、2005 年、2008 年,以各市(县)非寒害年气象数据及其减产率作为数据源,进行多元回归分析,建立非寒害减产率计算模型,某年总减产率与该年非寒害减产率的差值即为寒害减产率。海南除寒害以外的主要气象灾害发生时段及其评价指标见表 5-1(王云惠,2006)。

表 5-1　海南省主要气象灾害的气象指标及其对荔枝的影响期

	热带气旋	暴雨	干旱	低温冷害	高温
时段	6—11 月	3—5 月	2—10 月	3—4 月	3—5 月
生育期	营养生长期	开花期;坐果期	开花期;营养生长期	开花期	开花期;坐果期
气象指标	最大风速;总雨量;日最大雨量	总雨量;暴雨强度	CI 指数	日最低气温;日平均气温低于 18 ℃的日数	日最高气温;日平均气温高于 27 ℃的日数

注:CI 指数(综合气象干旱指数)以月为单位进行统计,其他指数均以灾害过程为单位计算。

相应的灾害指数采用主成分分析法(杜尧东 等,2006)和层次分析法(曹银贵 等,2010)进行计算。

热带气旋灾害指数 D_{tc} 为

$$D_{tc} = a_1 \sum_{i=1}^{n} V_{mi}^2 + a_2 \sum_{i=1}^{n} R_{ti} + a_3 \sum_{i=1}^{n} R_{mi}^2 \tag{5-3}$$

式中,i 为气象灾害过程,$i=1,2,3,\cdots,n$,n 为气象灾害过程总数,下同;V_{mi}(单位:m·s^{-1})、R_{ti}(单位:mm)、R_{mi}(单位:mm)分别代表单次热带气旋过程的最大风速、累积雨量、日最大雨量,a_1,a_2,a_3 为系数,$a_1=0.4595$,$a_2=0.6154$,$a_3=0.6404$。

暴雨灾害指数 D_s 为

$$D_s = a_1 \sum_{i=1}^{n} R_{ti} + a_2 \sum_{i=1}^{n} R_{smi}^2 \tag{5-4}$$

式中，R_{ti}（单位：mm）和 R_{smi}（单位：mm·d^{-1}）分别为单次暴雨过程的累积雨量和单日最大雨量，$a_1 = 0.5392$，$a_2 = 0.4608$。

干旱灾害指数 D_d 为

$$D_d = a_1 \sum_{i=1}^{n} CI_1 + a_2 \sum_{i=1}^{n} CI_2 + a_3 \sum_{i=1}^{n} CI_3 + a_4 \sum_{i=1}^{n} CI_4 \tag{5-5}$$

式中，CI_1，CI_2，CI_3，CI_4 分别对应综合气象干旱等级中的轻旱、中旱、重旱、特旱（中国气象局，2006），$a_1 = 0.0905$，$a_2 = 0.1253$，$a_3 = 0.2446$，$a_4 = 0.5396$。

低温冷害指数 D_c 为

$$D_c = \sum_{i=1}^{n} (a_1 t_{ci} + a_2 n_{ci}) \tag{5-6}$$

式中，t_{ci} 为日最低气温（单位：℃），n_{ci} 为日平均气温低于 18 ℃的日数（单位：d），$a_1 = 0.6426$，$a_2 = 0.3574$。

高温热害指数 D_h 为

$$D_h = \sum_{i=1}^{n} (a_1 t_{hi} + a_2 n_{hi}) \tag{5-7}$$

式中，t_{hi} 为日最高气温（单位：℃），n_{hi} 为日平均气温高于 27 ℃的日数（单位：d），$a_1 = 0.5844$，$a_2 = 0.4156$。

3）荔枝产量风险计算

荔枝的产量风险是以产量波动性的大小来表征寒害的严重程度，具体表现在变化的幅度和频率上，是寒害减产强度与其发生概率的函数。以往对于灾害强度的研究多基于相关的气象因子（任义方 等，2011），而较少以产量的变化来表现。本研究通过统计全部市（县）的寒害减产率序列，依等距离划分为 5 级，作为荔枝寒害的减产等级（表 5-2），以各等级的平均减产率作为寒害减产强度，并计算相应产量风险 H_i（娄伟平，2009b）。

$$H_i = \sum_{k=1}^{5} (P_{cki} \times p_{ki}) \tag{5-8}$$

式中，P_{cki} 为某市（县）不同等级寒害减产强度（单位：%），k 为寒害减产等级，p_{ki} 为某市（县）不同等级寒害减产强度发生的概率，采用信息扩散方法计算（黄崇福 等，1998；王刚 等，2012），i 为某市（县）。

表 5-2　海南荔枝寒害的减产等级

	1 级	2 级	3 级	4 级	5 级
减产率 R（%）	<10	10～20	20～30	30～40	≥40

4)荔枝寒害综合风险计算

荔枝寒害综合风险不仅与自身受寒害影响造成的产量波动有关,还与其在当地的种植规模有关,即与其种植面积占该市(县)农作物总种植面积的比例有关。种植规模体现了作物本身对当地经济的重要性,在产量风险相同的条件下,种植规模越大,其对该地农业经济的贡献也越大,对产业的影响要高于规模小的市(县),其寒害风险更高。因此寒害综合风险应为产量风险与种植规模风险的乘积,即

$$R_i = H_i \times A_{di} \tag{5-9}$$

$$A_{di} = \frac{A_{pi}}{A_{si}} \tag{5-10}$$

式中,R_i 为某市(县)寒害综合风险,H_i 为某市(县)产量风险,A_{pi} 为某市(县)荔枝种植面积(单位:hm^2),A_{si} 为某市(县)农作物播种面积(单位:hm^2),i 为某市(县)。

荔枝寒害的产量风险、种植规模风险和综合风险的区划均采用自然断点法(武增海 等,2013)。

5.1.3　海南荔枝种植气候区划指标

海南荔枝生长的关键期是花芽形态分化和开花坐果期,该时段海南的气象条件多变,暖冬或冬末早春低温阴雨或高温干旱,对荔枝的花芽形态分化和开花授粉有较大的影响(姜毅,2017)。海南的荔枝花芽形态分化的关键时期一般在 12 月底,荔枝枝梢在生长过程中最适宜的温度为 20~25 ℃,当外界温度低于 20 ℃时将有利于花芽分化(吴定尧 等,1997)。这一阶段海南的气候较为温和,荔枝极易出现冬梢而导致花芽败育,不仅对花芽分化产生一定程度的影响,还导致花质较差。而在荔枝开花时期,当外界温度高于 27 ℃时会阻碍荔枝的正常授粉(陈龙,2017;植石群 等,2002);但在开花时期遭遇 16 ℃以下的低温天气或出现连阴雨以及暴雨天气过程均会对荔枝授粉极为不利,导致荔枝的品质与产量明显下降(陈统强,2019)。因此,本研究以花芽形态分化关键期最高气温≤20 ℃天数和降水量以及开花坐果期的最低气温和最高气温 4 个指标来全面衡量荔枝生长发育的气候适宜度(表 5-3)。

表 5-3　海南省荔枝种植气候区划指标

区划指标	D(d)	R_m(mm)	T_{min2}(℃)	T_{max2}(℃)
适宜区	>14	<600	>18	<23.5
次适宜区	7~14	600~1200	16~18	23.5~25
不适宜区	<7	>1200	<16	>25

注:D 为 12 月至次年 1 月最高气温≤20 ℃天数;R_m 为 12 月至次年 1 月降水量;T_{min2} 为 2 月最低气温;T_{max2} 为 2 月最高气温。下同。

5.1.4　区划指标要素空间分析模型的建立

由于某网格点上的气候要素变化首先决定于该网格点所接收的太阳辐射的多

少,而接收太阳辐射的多少直接受该网格点的纬度、经度、海拔高度、坡度、坡向等地理因子和其他局地环境因子的影响。因此,区划指标因子与地理因子的关系模型(吴文玉 等,2009;何龚 等,2008)可表示为

$$Y = f(\lambda, \varphi, \theta, \beta, h) + \varepsilon \tag{5-11}$$

式中,Y 为气候区划指标因子(如月平均气温、月最高气温等);$\lambda, \varphi, \theta, \beta, h$ 分别代表经度、纬度、坡向、坡度、海拔高度等地理因子,ε 为余差项,称为综合地理残差,其表达式为

$$\varepsilon = Y(\text{实测值}) - f(\lambda, \varphi, \theta, \beta, h) \tag{5-12}$$

本研究统计了海南 19 个站点 1989—2018 年 12 月至次年 1 月最高气温≤20 ℃天数、降水量,2 月最低气温、日最高气温,采用多元线性回归方法建立指标因子与地理因子模型。模型表达式及相关统计参数见表 5-4。

表 5-4　气候区划指标气候区划指标空间分析模型

因子	推算模型	R	F
$D(\text{d})$	$T_{min12} = 1.521\lambda + 10.080\varphi + 0.008h - 350.274$	0.870	15.624**
$R_m(\text{mm})$	$T_{m12} = 561.856\lambda - 109.407\varphi + 0.296h - 58941.273$	0.703	18.529*
$T_{min3}(℃)$	$T_{min2} = 0.333\lambda - 1.579\varphi - 0.006h + 11.380$	0.925	29.701**
$T_{max2}(℃)$	$T_{max2} = -0.763\lambda - 1.973\varphi - 0.001h + 146.551$	0.787	7.590**

注:λ, φ, h 分别代表经度、纬度、海拔高度。* 代表通过 0.05 水平显著性检验,** 代表通过 0.01 水平显著性检验。

5.2　结果与分析

5.2.1　海南荔枝产量的寒害风险分析

5.2.1.1　海南荔枝寒害减产率序列构建

1)理论收获面积

利用海南各市(县)1990—2010 年荔枝种植面积和收获面积散点图,构建收获面积相对种植面积分布的特征空间,其结果见图 5-1。图中散点分布的上边界代表了收获面积的最大值,即理论收获面积。应用 Matlab 拟合其边界方程为

$$A_{ai} = \frac{A_{pi}}{3.519 \times 10^{-4} A_{pi} + 0.7074} \quad (P < 0.01) \tag{5-13}$$

式中,A_{ai} 为某市(县)荔枝的理论收获面积(单位:hm²),A_{pi} 为某市(县)实际种植面积(单位:hm²)。

计算时,如果某种植面积对应的实际收获面积中的最大值低于拟合值,则理论收获面积等于拟合值;相反,则理论收获面积等于最大的实际收获面积。

2)寒害平均减产率

由理论收获面积和实际总产量求得实际单产,采用线性滑动平均法计算各市

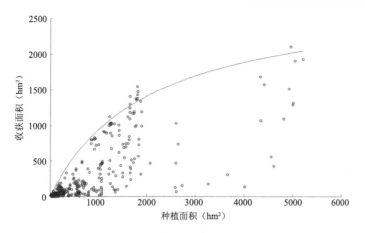

图 5-1　荔枝的理论收获面积拟合图

（县）的趋势单产，应用式（5-2）得到荔枝总减产率序列。荔枝寒害减产率的分离是以获得的总减产率序列为基础，依式（5-3）和式（5-7）统计非寒害年各影响时段的气象数据，得到各市（县）的减产率与非寒害气象灾害指数的多元回归方程，进而得到各市（县）的非寒害减产率。由总减产率和非寒害减产率相减得到各市（县）的荔枝寒害减产率序列。对照表 5-2 的荔枝寒害等级计算得到各级别的平均减产率（表 5-5）。

表 5-5　海南荔枝寒害的平均减产率　　　　　　　　　　　　单位：%

市（县）	1 级	2 级	3 级	4 级	5 级
海口	5.00	12.49	25.00	35.00	70.00
三亚	5.00	15.00	25.00	35.00	70.00
五指山	7.66	12.69	25.00	35.00	70.00
文昌	5.01	15.00	25.00	35.00	70.00
琼海	1.86	15.00	25.00	35.00	70.00
万宁	5.00	15.00	25.00	35.00	70.00
定安	6.79	15.00	25.00	31.18	70.00
屯昌	7.03	16.98	25.00	35.00	70.00
澄迈	8.89	15.00	20.67	31.25	70.00
临高	8.01	17.60	25.00	35.00	70.00
儋州	0.91	12.65	25.00	35.00	70.00
东方	—	—	—	—	—
乐东	5.00	15.00	25.00	35.00	70.00
琼中	5.00	15.00	28.65	32.71	74.25
保亭	6.42	15.00	25.00	31.73	70.00
陵水	5.00	15.00	25.00	35.00	70.00
白沙	3.29	15.00	25.00	35.00	70.00
昌江	2.13	15.93	25.00	35.00	70.00

注：—表示缺数据，下同。

5.2.1.2　海南荔枝寒害产量风险区划

由于海南荔枝寒害灾情样本数量较少,难以对其概率分布函数进行合理的假设,因此采用信息扩散方法计算不同寒害减产强度的发生概率。以各市(县)1990—2010年的寒害减产率作为样本,取控制点 51 个,计算得到寒害减产的概率估计。表 5-6 是海南各市(县)荔枝寒害减产的概率估计,各减产率所对应的概率表示发生高于此减产率的概率,如 10% 表示发生减产 10% 以上寒害的概率,相邻两个概率的差即为对应寒害等级发生的概率。可以发现,定安、澄迈、琼中和保亭发生严重减产的概率较高,减产 40% 以上的概率高于 20%;屯昌、临高和昌江主要发生减产 10%~30% 的中度寒害;而海口、白沙、五指山的寒害则主要是轻度减产,减产 20% 以下寒害的概率相对较高;其他东部和南部地区多不发生寒害减产或发生概率较低。

表 5-6　基于信息扩散方法计算的海南荔枝寒害减产率概率

	减产率(%)				
	0	10	20	30	40
海口	1.00	0.99	0.00	0.00	0.00
三业	0.00	0.00	0.00	0.00	0.00
五指山	1.00	0.54	0.06	0.00	0.00
文昌	0.00	0.00	0.00	0.00	0.00
琼海	0.00	0.00	0.00	0.00	0.00
万宁	0.00	0.00	0.00	0.00	0.00
定安	1.00	0.86	0.72	0.58	0.44
屯昌	1.00	0.63	0.24	0.05	0.00
澄迈	1.00	0.82	0.60	0.39	0.21
临高	1.00	0.74	0.35	0.08	0.01
儋州	1.00	0.60	0.24	0.05	0.01
东方	—	—	—	—	—
乐东	1.00	0.00	0.00	0.00	0.00
琼中	1.00	0.91	0.81	0.69	0.56
保亭	1.00	0.86	0.72	0.59	0.45
陵水	0.00	0.00	0.00	0.00	0.00
白沙	1.00	0.09	0.00	0.00	0.00
昌江	1.00	0.59	0.26	0.08	0.02

依式(5-8)计算得到海南各市(县)荔枝寒害的产量风险空间分布见图 5-2。由图可见,产量风险较高的区域主要在北部和中部,西北部相对较低,而南部、东部和西南

部沿海地区则为最低。由寒潮和冷空气的活动规律看(王鼎祥,1985),海南岛冬季盛行东北季风,冷空气的移动路径大致呈现由东北向西南的方向,起始地点多在临高、澄迈和定安。当冷空气移动至中部山区时,遇到山体阻挡而停滞,势力减弱,并分为东、西两路,西路的冷平流中心稍强于东路,因此受冷空气影响较大的地区主要集中在中部和北部,而西部所受的影响要高于东部和南部。另外,山间盆地的地形条件有利于辐射降温,山区辐射冷却期间风速和近地层湍流交换小于沿海平原,同时因四周高山冷空气容易向中心汇集,使中部市(县)比其他地区更易发生寒害。综合以上分析,海南寒害的产量风险空间分布与冷空气的活动规律基本一致,主要受冷空气移动路径和地形的影响。

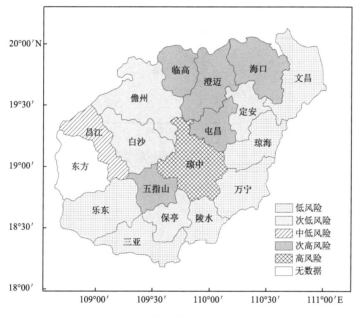

图 5-2 海南荔枝产量风险分布图

5.2.1.3 海南荔枝寒害综合风险区划

统计海南 2010 年荔枝种植面积表明,海口、儋州、澄迈、琼海、陵水、文昌等地种植较多,而西部和中部的大部分地区,及南部的三亚种植较少。依式(5-9)得到海南荔枝的种植规模风险分布(图 5-3)。由图 5-3 可见,多数市(县)荔枝种植规模分布与种植面积分布之间差异不大,种植荔枝比例较高的地区主要分布在中部、北部和东部,这与种植面积的分布基本一致,差异主要在五指山、儋州、保亭和文昌。西部和南部的种植比例偏低,这是由于西部的东方和乐东是以种植香蕉为主,而三亚则以种植芒果为主。五指山和海口的种植规模最大,对产量波动也最为敏感。

依式(5-10)得到海南荔枝寒害综合风险区划图(图 5-4)。由图 5-4 可见,海南荔

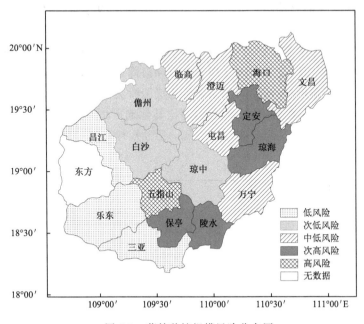

图 5-3　荔枝种植规模风险分布图

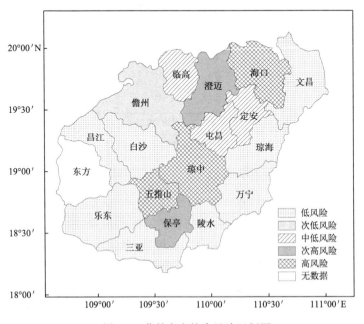

图 5-4　荔枝寒害综合风险区划图

枝产量受寒害影响较大的地区主要集中在中部和北部,多为中等以上风险,受地形影响,风险也呈带状分布,其中海口、琼中和五指山风险最高,澄迈风险略低,东部、西部和南部的沿海地区风险最低。从综合风险的构成上看,海口、琼中和澄迈的产量风险指数最高,产量波动性最大,而海口荔枝的种植面积比例较大,仅次于五指山,因此综合风险为全岛最高。琼中的产量风险和五指山的种植规模风险均高于其他市(县),综合风险也较高。东部市(县)荔枝的种植规模较大,但产量风险普遍偏低,导致综合风险也较低。东方、乐东的产量风险和种植规模风险均很低。

5.2.2　海南岛荔枝种植区划

　　根据表 5-3 的区划指标,采用专家打分方法,给 30 m×30 m 网格上的指标因子分类打分,不适宜区段给 1 分,次适宜区段给 2 分,适宜区段 3 分,给不同的区域赋予不同的颜色,得到各指标因子的分区。再对各指标因子的分值进行叠加计算,对计算结果进行打分分类,结果在 4~7 的给 1 分,对应不适宜;7~9 的给 2 分,对应次适宜;9~12 的给 3 分,对应适宜,给不同的区域赋予不同的颜色,并迭加县边界,得到海南荔枝种植气候区划专题图(图 5-5)。

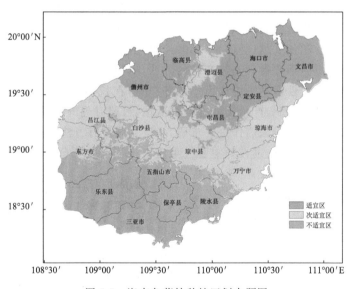

图 5-5　海南岛荔枝种植区划专题图

　　适宜区　包括临高、澄迈、文昌、定安、海口、屯昌和儋州北部。该区是海南温度条件最适宜的地区,大部分地区 12 月至次年 1 月最高气温≤20 ℃天数在 14 d 以上,降水量在 1000 mm 以下,气象条件对荔枝发芽分化有利;大部分地区 2 月最低气温≥15 ℃,2 月最高气温≤24 ℃,高温天气较少,对荔枝开花授粉有利,有少数气温较低的天气,需注意防范。该地区可以充分利用适宜区优越的气候条件,大力发展荔枝生产,扩大种植面积,以提高经济效益,但需注意采取喷洒叶面肥等措施来防止低温天气带来的影响。

次适宜区　包括琼海、万宁、琼中、白沙北部、昌江西部、东方北部和儋州南部。该区的温度条件也较为适宜,12月至次年1月最高气温≤20 ℃天数在9 d以上,暖害天气较少;大部分地区2月最低温度在14 ℃以上,最高气温≤26 ℃。该地区在发芽分化期和开花期会受到一定程度的低温寒害和高温暖害,但次数较少,需要采取一定防御措施来降低"暖春"、低温沤花和高温烧花等灾害带来的影响才能得到高产量,总体上气象条件有利于荔枝生长。

不适宜区　主要为海南南部地区,包括昌江南部、东方南部、乐东、五指山、三亚、陵水、保亭和白沙南部。该地12月至次年1月最高气温≤20 ℃天数较少,不足8 d;2月最高气温大部分地区在26 ℃以上,该地区受"暖春"和高温烧花灾害的影响较大,荔枝的品质和产量均不如其他地区,不适宜荔枝栽培。

5.3　结论与讨论

(1)通过分析种植面积与实际收获面积,建立二者的特征空间,由边界散点的实际分布来判断构建理论收获面积模型,解决了实际计算中仅有总产量,难以获得理论收获面积的问题。相比文献(娄伟平,2009a)采用时间序列分段分析,对作物总产量与历年种植面积进行回归得到趋势产量的方法,本研究得到的非线性方程更符合实际。但本研究采用线性滑动平均法模拟趋势产量,在长期遭受气象灾害影响的地区存在一定的局限性,即趋势产量实际上会被低估,目前对趋势产量的研究仍以统计为主(房世波,2011),所以未来需作进一步研究,以克服现有方法的适用性问题。

(2)通过分析影响海南荔枝的主要气象灾害类型,建立气象灾害指数,对寒害形成的减产率进行了分离。文献(娄伟平,2009b)采用的方法是建立致灾指标与各灾种减产率之间的回归,进而分离减产率,所建方程是假设每年的气象灾害是依次发生,但海南气象灾害较多,年内台风、暴雨、干旱的发生在时间上多不固定,因此本研究的方法更适合海南的气候特点。

(3)海南的荔枝寒害以低级别为主,发生寒害站次较多的年份主要集中在1990—2000年,2000年以后寒害影响范围较小,这与李勇等(2010a;2010b)的结论相一致,即1961—2007年华南地区年均气温呈升高趋势,其中海南为增温显著区域,段海来等(2008)也认为华南地区的冬春季温度变幅大,且升温趋势明显,说明寒害的减少与暖冬的增加密切相关。

(4)海南荔枝产量的高风险区为中部和北部,南部和东部的沿海地区风险较低,风险的分布与冬季冷空气的活动规律和地形因素有关。王鼎祥(1985)认为海南岛冬季处在华南沿海气候锋北侧的变性大陆冷气团控制下,除南部的三亚和陵水,全岛其余地区每年均有强冷空气出现,中部山区和北部受影响最重,而南部地区最轻,这与荔枝寒害风险的分布基本一致,说明本研究结果具有一定的合理性,荔枝种植区应向南部和东部沿海地区迁移。

(5)荔枝种植应充分利用当地温度气候资源优势,培肥地力,提高栽培技术水平,加快优质荔枝规模化种植生产;在次适宜区可以根据小气候地形,因地制宜进行园区建设,加强水肥综合管理,及时进行根外施肥和喷施叶面肥,增加营养积累,在开花期适当安排树势修剪,仍然可以获取较好的经济效益。另外,分析发现最近几十年,海南冬季温度升高,寒害发生概率降低,但"暖春"和高温热害等灾害发生概率增高,需注意防范。

关于风险评价的研究主要集中在两个方向。一个方向是基于灾害学的理论,通过分析灾害形成的因素来构建指标评价体系,建立模型进行综合评价(刘锦銮 等,2003;杜尧东 等,2006;娄伟平,2009b)。另一方向是由灾害的结果出发,通过对灾害造成的损失进行统计,以此为标准来衡量风险的大小(黄崇福 等,1998;扈海波 等,2011)。影响寒害风险的因素很多,除温度外,海南岛大尺度和局地尺度的地形差异,海拔高度,离海远近等对平流降温和辐射降温均有一定影响(陈修治 等,2012),因此难以构建全面且有代表性的指标,直接由灾害形成角度进行分析较难。荔枝的灾情虽然没有统计资料,但可经由产量的波动实现对灾损的模拟,进而达到风险评价的目的,而以灾损作为灾害强度分级和风险评价指标的分析结果也更符合实际(温克刚 等,2008)。

第6章　海南其他作物灾害区划和种植区划

6.1　海南莲雾反季节种植气候适宜性区划

　　莲雾[*Syzygium samarangense*(Bl.) *Merr. et Perry*]是桃金娘科蒲桃属的热带果树(肖春芬,2003),由于风味独特、市场需求量巨大、经济效益可观,是海南"新、特、优"水果之一,也是我国重要特色热带水果,在区域经济中日显重要,发展潜力巨大(邓文明 等,2010;胡加谊 等,2012;杨福孙 等,2009)。在市场需求驱动、国家政策引导和地方政府的大力支持下,莲雾等"新、特、优"果树种植面积和产量迅速增加,已成为海南省部分地区农民脱贫致富的重要途径之一。受季风气候影响和气候变化影响(周广胜,2015;许吟隆 等,2014),海南反季节种植时常遭受低温寒害、连阴雨和干旱等气象灾害影响(王春乙,2014;李天富,2002;刘少军 等,2015a;2015b),加之一些地区在生产中不遵循气候规律(胡晓雪 等,2008;周红玲 等,2011;杨荣萍 等,2009),在次适宜区甚至在不适宜区盲目引种,导致气象灾害损失呈增多加重趋势,严重地制约了莲雾的健康稳定发展。因此,如何有效减轻气象灾害对热带果树的危害,确保热带果树的持续稳定发展已经成为大家关注的焦点(苏章城 等,2006;韩剑 等,2009;李勇,2014)。随着 GIS 技术在农业气候区划中的广泛应用(王华 等,2014;罗天虎,2014;刘少军 等,2015c;谷晓平 等,2013),提高了复杂地形条件下区划结果的精细化程度(梁轶 等,2013;陈小敏 等,2014a)。为充分挖掘气候资源潜力,趋利避害,合理布局,吉志红等(2015)、陈小敏等(2013a)、丁丽佳等(2011)针对苹果、香蕉和荔枝等果树进行种植气候区划,学者(王春乙 等,2016;邹海平 等,2013)针对海南芒果、香蕉等作物进行灾害风险区划研究,但是针对莲雾种植区划或者风险区划,还未见报道。本研究通过近40年气象资料和1:25万基础地理信息数据,利用 GIS 插值技术(王华 等,2014;罗天虎,2014;刘少军 等,2015c;谷晓平 等,2013;梁轶 等,2013;陈小敏 等,2013a;2014a;吉志红等,2015;丁丽佳 等,2011)、数理统计回归分析以及气候资源的细网格模拟分析方法(陈小敏 等,2013a;2014a;吉志红 等,2015),绘制出反季节莲雾气候适宜性区划图,为反季节莲雾生产基地选址和生产提供科学参考,对促进莲雾高产稳产优质和水果气象保险(王春乙 等,2016;邹海平 等,2013)发展具有重要意义。

6.1.1　资料与方法

　　选取海南5个代表东南西北中的气象观测台站资料,计算 1971—2010 年气象要素平均值,以及 2012—2014 年两个果园莲雾关键生育期的气象指标值。统计莲雾产量资料发现反季节莲雾生育期时间花期通常在 10—11 月,果期通常在 12 月至次年 2 月(即为冬季),整个生长过程(全年)产量与自动气象资料进行逐步回归分析,得到影响反季节莲雾产量的关键气象因子。

地理信息数据采用国家基础地理信息中心提供的 1∶25 万海南省地理数据,用于区划指标的空间化处理。

6.1.2　结果与分析

6.1.2.1　气候条件分析

1)反季节莲雾生产的气候条件分析

(1)基本气候条件

莲雾属热带水果,喜温暖,怕寒冷,最适宜生长温度为 25~30 ℃(韩剑 等,2009;郑小琴 等,2014a;郑小琴,2014b;杨凯 等,2015;张绿萍 等,2012;赵志平 等,2013;裴开程 等,2009),冬季最低气温过低,一般在 10 ℃左右,花果会停止生长,造成落花落果(郑小琴 等,2014a;郑小琴,2014b;杨凯 等,2015)。莲雾喜欢充足的阳光,以促进枝条和营养积累,长日照有利于莲雾开花,全年日照时数在 2000~2500 h 的莲雾营养生长好,养分积累多,品质优和丰产。莲雾喜湿润,在高温潮湿环境下,生长快,结果多,产量高,年降水量在 1500 mm 以上的地区生长发育良好(胡晓雪 等,2008;周红玲 等,2011;杨荣萍 等,2009)。

(2)限制反季节莲雾生产的气候条件

反季节莲雾生产是指通过采取人为调节莲雾产期至冬春季节,例如,在 9 月以后摧花,果实成熟期推迟到次年 1—2 月,从催花开始至果实成熟,约 4 个月。该项措施可以延长市场供应,在水果淡季上市售价高,增加效益(胡晓雪 等,2008)。但是 1—2 月是一年中平均气温最低的月份,容易遭受低温、连阴雨和寡日照等灾害天气,导致大量落花落果,限制反季节莲雾生产。

莲雾开花结果最适宜的温度在 15~24 ℃,气温过高或过低均会影响开花坐果。花期缺水,会缩短花期,影响花芽分化,降低坐果率,但水分过多会影响开花授粉,诱发各种病虫害;在果实发育期如遇干旱无雨,果实小且品质差,但久旱后遇骤雨,易造成落果和裂果。花果期光照不足,树体营养物质积累少,花芽分化不良,果实外表着色差,造成产量低,品质下降(肖春芬,2003;邓文明 等,2010;胡加谊 等,2012)。

2)海南气候条件分析

统计海南各市(县)的气温、降水量和日照时数可见,全年温度都适宜莲雾正常生长,冬季(12 月至次年 2 月)是一年中最冷的季节,平均气温在 18.1~24.0 ℃,与莲雾生产需要的热量相比,气温适宜莲雾安全越冬,并开花结果。但有些年份,出现低于 10 ℃的极端最低温度,并持续多日,容易造成大量落花落果情况。

海南是世界上同纬度地区中降水量最多的地区之一,但是降水时空分布不均匀,旱季、雨季分明,雨量东多西少。从空间上,大部分市(县)全年降雨量满足莲雾生长需要,仅西部沿海地区降雨量不足 1000 mm,限制了莲雾的生产。从时间上,冬季降水量最少,平均仅 91.4 mm,占全年降雨量的 5.1%,春季次之,占年降雨量的 18.3%,容易发生冬春干旱,影响反季节莲雾小果膨大生长,严重时小果脱落。

海南各地年日照时数差异较大,中部和中北部地区日照较少,西部和南部地区日照较多。冬季日照时数一年中最少,为 292.7～598.0 h,平均每日 3.3～6.6 h,呈现由南向北递减的趋势。遇到冬季连阴雨寡日照天气,反季节莲雾生产容易造成果实着色差,糖分累计不足。

3)影响莲雾产量的主要关键气象因子分析

采用逐步回归方法,选取通过 0.05 水平显著性检验对 2012—2014 年观测点不同年份反季节莲雾单产数据与相应年份开花期、果实膨大期和全生育期气象条件进行相关分析(表 6-1),结果显示:年降雨量、最冷月平均气温、日平均气温≤15 ℃负积温和果期(12 月至次年 2 月)日照时数与莲雾产量间呈显著相关关系。

表 6-1　莲雾产量与气象条件的相关关系

与降雨量	与最冷月平均气温	与日平均气温≤15 ℃负积温	与果期(12 月至次年 2 月)日照时数
0.58	−0.89	−0.64	0.75

4)气候变化对反季节莲雾生产的影响

统计海南主要代表市(县)气象站 1971—2000 年和 1981—2010 年两个时段莲雾生长的主要气候资源表明(表 6-2),1981—2010 年海南年降雨量以中部和西部地区减少,其他大部分地区增多为主,因此限制了西部地区莲雾发展;最冷月平均气温升高了 0.2～0.4 ℃,日平均气温≤15 ℃负积温减少了 0.3～6.7 ℃·d,日平均气温≤15 ℃日数平均减少 1 d,冬季可能出现的寒害概率有所减少,有利于发展莲雾反季节种植;果期(12 月至次年 2 月)日照时数平均减少了 15 h,果期寡照日数增加了 0.3～3.2 d,对反季节挂果期莲雾色泽、甜度等品质有一定影响。

表 6-2　主要市(县)站莲雾生长气候条件比较

气象条件	年份	海口	琼中	琼海	东方	陵水
年降雨量(mm)	1971—2000	1651.9	2438.8	2060.2	961.2	1700.2
	1980—2010	1696.6	2388.1	2063.9	949.7	1718.0
最冷月平均气温(℃)	1971—2000	17.7	17.1	18.5	19.0	20.3
	1980—2010	18.1	17.4	18.8	19.2	20.6
日平均气温≤15 ℃负积温(℃·d))	1971—2000	18.2	30.0	13.4	8.1	0.7
	1980—2010	14.8	23.4	9.4	6.1	0.4

气象条件	年份	海口	琼中	琼海	东方	陵水
日平均气温≤15 ℃日数(d)	1971—2000	9.4	11.2	6.8	5.4	0.4
	1980—2010	8.2	10.1	5.5	4.3	0.3
果期日照时数(h)	1971—2000	339.9	326.3	330.1	514.3	523.4
	1980—2010	309.9	335.8	313.4	512.0	487.9
果期寡照日数(d)	1971—2000	31.9	31.4	29.8	13.6	8.8
	1980—2010	34.6	31.7	33.0	14.1	11.4

6.1.2.2　海南反季节莲雾生产的气候区划指标

1)区划指标的选取

海南莲雾反季节种植气候适应性区划因子的选取主要考虑了两个方面:一是莲雾要求的基本气候条件,主要为水分和最冷月平均气温;二是各生育期对莲雾产量影响较大的主要气象因子,选取年降雨量、最冷月平均温度、日平均气温≤15 ℃负积温、果期日照时数共 4 个指标,作为海南莲雾反季节种植气候适宜性区划指标(表 6-3)。

表 6-3　海南反季节莲雾种植气候适宜性区划指标

指标值	年降雨量 x_1(mm)	最冷月平均气温 x_2(℃)	日平均气温≤15 ℃负积温 x_3(℃·d)	果期日照时数 x_4(h)
最适宜区	≥1800	≥19.0	≤10	≥480
适宜区	1500~1800	17~19	10~30	330~480
次适宜区	≤1500	≤17	≥30	≤330

2)区划指标的归一化处理

莲雾反季节种植气候区划分为最适宜区、适宜区和次适宜区,考虑到在不同区域进行指标区划时分界处的跳跃性,故将适宜区指标群作为模糊集合,采用模糊集的隶属函数计算单项标的评判值(梁轶 等,2013),即指标的归一化处理,各区划因子适宜性隶属函数如式(6-1)~(6-4):

$$\mu(x_1)=\begin{cases}1 & x_1\geqslant1800\\\dfrac{x_1-1500}{1800-1500} & 1500<x_1<1800\\0 & x_1\leqslant1500\end{cases} \quad (6\text{-}1)$$

$$\mu(x_2)=\begin{cases}1 & x_2\geqslant19\\\dfrac{x_2-17}{19-17} & 17<x_2<19\\0 & x_2\leqslant17\end{cases} \quad (6\text{-}2)$$

$$\mu(x_3)=\begin{cases}1 & x_3\leqslant10\\ \dfrac{x_3-10}{30-10} & 10<x_3<30\\ 0 & x_3\geqslant30\end{cases} \qquad (6\text{-}3)$$

$$\mu(x_4)=\begin{cases}1 & x_4\geqslant480\\ \dfrac{x_4-330}{480-330} & 330<x_4<480\\ 0 & x_4\leqslant330\end{cases} \qquad (6\text{-}4)$$

式中，x_1 为年降雨量，x_2 为最冷月平均温度，x_3 为日平均气温 $\leqslant15\ ℃$ 有效积寒，x_4 为果期日照时数。

3）区划指标的空间化处理

在 GIS 软件及 DEM 数据支持下，将莲雾区划指标与气象观测台站的经度、纬度和海拔高度进行相关系数和回归分析，分别建立年降雨量、最冷月平均气温、日平均气温 $\leqslant15\ ℃$ 负积温和果期日照时数的小网格推算模型（表 6-4），用克里金法实现各区划指标的空间插值。

表 6-4　气候区划指标空间分析模型

因子	推算模型	R
年降雨量（mm）	$Y=0.625h-53.82i+422.02j-43562.6$	0.640^*
最冷月平均气温（℃）	$Y=-0.003h-2.262i+0.008j+61.5$	0.825^{**}
日平均气温 $\leqslant15\ ℃$ 负积温（℃·d）	$Y=0.038h+17.787i+0.256j-360.2$	0.833^{**}
果期日照时数（h）	$Y=-0.064h-90.667i-84.577j+11426.9$	0.899^{**}

注：h,i,j 分别表示海拔高度、纬度、经度；* 和 ** 分别表示通过 0.05 和 0.01 水平的显著性检验。

4）区划图的制作

根据各区划要素隶属函数模型，利用 GIS 软件建立单因子评价栅格图层，依据各因子对莲雾产量和品质的影响程度，结合实地调查确定各指标因子的权重集为：$a=(0.4,0.2,0.2,0.2)$。在指标的归一化计算结果基础上，乘以各因子权重比例，利用 GIS 空间分析技术并进行栅格图叠加处理，得到海南反季节莲雾气候适宜性综合评价图（图 6-1）。

6.1.2.3　区划结果分析

最适宜区：该区主要在东部和东南部地区，包括琼海市、万宁市、陵水县、保亭县、三亚市和乐东县的东南部。该区是海南水分条件最丰富的地区，大部分地区年降雨量 $\geqslant1800\ mm$，南部地区年降雨量超过 1500 mm；热量条件也是最佳，大部分地区最冷月平均气温 $\geqslant19\ ℃$，平均每年日平均气温 $\leqslant15\ ℃$ 的天数在 5 d 左右，平均每年日平均气温 $\leqslant15\ ℃$ 负积温在 10 ℃ 以内；冬季日照时数在 330 h 以上，其中南部地区在 480 h 以上，可见该区是光温水条件匹配最好的地区。冬季气候温暖，低温阴雨寡照

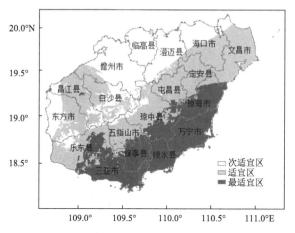

图 6-1　海南反季节莲雾气候适宜性区划图

日数少,最适宜莲雾挂果和果实膨大。该区反季节种植莲雾,产量高,品质好,因此可以充分利用最适宜区优越的气候条件,大力发展莲雾生产,扩大种植面积,以提高经济效益。南部地区降雨量相对偏少,应注意建设果园灌溉系统,保证莲雾小果膨大所需水分。

适宜区:该区包括文昌市、海口市东南部、定安县、屯昌县、琼中县、五指山市、乐东县、昌江县、白沙县西部和东方市东部大部分地区。该区是海南水分条件也比较丰沛,该区年降雨量超过≥1500 mm;热量条件也比较丰富,大部分地区最冷月平均气温≥17 ℃,平均每年日平均气温≤15 ℃的天数在 5～8 d,平均每年日平均气温≤15 ℃负积温在 10～30 ℃·d;冬季日照时数在 330～480 h,光温水条件也比较好。本区冬季气候相对温暖,西南部地区最冷月平均气温>19 ℃,东北部和中部地区最冷月平均气温在 18 ℃左右,低温阴雨寡照日数相对较多,是莲雾果实生长适宜区。该区反季节种植莲雾,加强低温寒害防御,水土保持管理得当才能得到高产量,总体上气象条件有利于莲雾生长。

次适宜区:该区包括海口市西北地区、澄迈县、临高县、儋州市、白沙县、琼中山区和东方市西部等地区。该区气候差异显著,西南部地区降雨偏少,年降雨量≤1500 mm,部分地区不足 1000 mm,气候比较干旱;西北部地区降雨量比较丰富,大部分地区年降雨量≥1500 mm。热量条件西南部地区比较丰富,大部分地区最冷月平均气温≥19 ℃,平均每年日平均气温≤15 ℃的天数低于 5 d,平均每年日平均气温≤15 ℃负积温低于 10 ℃·d;冬季日照时数大于 480 h,光温条件也比较好;但西北地区是全岛最冷,最冷月平均气温≤17 ℃,平均每年日平均气温≤15 ℃的天数8 d以上,平均每年日平均气温≤15 ℃负积温超过 30 ℃·d。该区或者干旱,或者低温阴雨寡照日数相对较多,是莲雾果实生长次适宜区。该区水热条件基本能满足反季节莲雾种植,但莲雾生产商品果的品质和质量都不如其他地区,而且生产投入大,投入产出比较低。

6.1.3　结论与讨论

(1)通过综合分析莲雾生长的气候适宜性、海南气候特点和反季节莲雾产量与生育期气象条件相关性,研究发现年降雨量、最冷月平均气温、日平均气温≤15 ℃负积温和果期(12月至次年2月)日照时数与莲雾产量间呈显著相关关系,因此可以建立气候适宜性区划指标因子。

(2)本区划采用GIS技术和小网格分析方法,考虑经度、纬度、海拔高度等地理因子对气候因子的影响,推算出无测站点区域的区划指标气候要素值,采用综合评判的方法得到反季节莲雾气候适应性精细化区划图,大大提高了区划结果的空间分辨率和精细化程度,为进一步优化莲雾的反季节生产布局提供了科学依据。

(3)区划结果显示,反季节莲雾种植最适宜区主要集中在东部琼海至南部三亚地区,应充分利用当地水热气候资源优势,培肥地力,提高栽培技术水平,加快优质莲雾规模化种植生产;在适宜区可以根据小气候地形,因地制宜进行园区建设,田间管理应加强水肥,仍然可以获取较好的经济效益;次适宜区发展莲雾生产,可以合理搭配正季节和反季节种植,根据当地气候特点和生产实际,制定一套与之相应的科学栽培技术,争取获得高产稳产。

(4)莲雾的生长发育受各种自然环境因子的共同影响,尤其是反季节种植更由气候条件起主导作用。本区划仅考虑了气候因子的影响,对土壤、土地利用类型等因素未加考虑,今后有待进一步修改和完善,使其更具有指导价值。

(5)分析发现最近几十年,海南气候变化特征,如大部分地区降水量增多,冬季温度升高,寒害发生概率降低,总体有利于发展莲雾的反季节种植。

6.2　海南冬季瓜菜暴雨洪涝灾害风险评估与区划

海南岛位于南海北部,属热带季风岛屿型气候,冬季(12月至次年2月)平均气温17.7～22.1 ℃(《中国气象灾害大典》编委会,2008),为冬季瓜菜生产提供了极其有利的自然条件。海南岛冬种瓜菜面积已由20世纪80年代的1.3万 hm²(蔡尧亲等,2009)发展至20万 hm²左右,种植面积在0.8万 hm²以上的作物有西瓜、豇豆、南瓜、苦瓜、黄皮尖椒、冬瓜、甜瓜、泡椒、青皮尖椒和青瓜,冬种瓜菜出岛量近年均保持在300万 t以上(梁伟红 等,2013)。冬种瓜菜已成为海南热带农业的重要组成部分和农民增收的主要来源,并在全国冬季蔬菜市场上发挥了不可替代的作用(柳唐镜等,2011)。海南岛冬种瓜菜生长季为9月至次年4月,9—11月为集中播种期,而绝大部分市(县)5—11月均有暴雨出现,其中9—10月为暴雨集中期。可见,海南岛冬种瓜菜集中播种期与暴雨集中期基本重叠,而暴雨引发的洪涝灾害会使农作物受淹受浸或遭冲毁,导致减产甚至绝收(《中国气象灾害大典》编委会,2008)。2010 年 10 月上中旬,海南大部地区接连遭遇两轮强降雨天气,瓜菜受灾面积约为 37300 hm²,成灾面积为 28000 hm²,绝收面积约为 20670 hm²。因此,海南岛冬种瓜菜面临暴雨洪涝灾害的严重威胁,对其冬种瓜菜暴雨洪涝灾害进行风险评估和区划显得十分必要。

　　国内针对洪涝灾害风险评估与区划的研究较多。有学者(周成虎 等,2000;李军玲 等,2010;于文金 等,2011;盛绍学 等,2010a;2010b;张洪玲 等,2012;郭永芳,2010)从致灾因子危险性、孕灾环境敏感性和承灾体易损性 3 个方面对相关流域和省份的洪涝风险进行了区划研究。有些学者(张会 等,2005;张婧 等,2009;张京红 等,2010;莫建飞 等,2012)增加了抗灾能力因子,即研究角度包括致灾因子危险性、孕灾环境敏感性、承灾体易损性及抗灾能力 4 个方面,张京红等(2010)开展了海南岛暴雨洪涝灾害风险区划。但是,上述研究的承灾体主要为人口、经济、土地,而不是某一种作物。盛绍学等(2010)基于灾害风险分析理论,针对江淮地区各县小麦从涝渍脆弱性、自然气候风险、灾损风险和抗灾能力 4 个方面进行分析评估,并构建了涝渍综合风险评估系数作为区划指标,对江淮地区小麦涝渍灾害风险进行了空间区域划分。关于海南岛冬种瓜菜暴雨洪涝灾害风险区划的研究尚未见报道。本研究从冬种瓜菜暴雨洪涝灾害致灾因子危险性、孕灾环境敏感性和易损性(张洪玲 等,2012;李蒙 等,2012)3 个方面,开展海南岛冬种瓜菜暴雨洪涝灾害风险评估与区划,以期为海南冬种瓜菜进行合理生产布局、避减灾害风险提供科学依据。

6.2.1　资料与方法

6.2.1.1　资料来源

　　海南岛 18 个气象台站 1961—2012 年 9—11 月的逐日降水量资料来自海南省气象信息中心;1∶25 万县界图、1∶5 万水系数据来自国家基础地理信息中心;DEM 数据为美国国家航空航天局(Nation Aeronautic and Space Administration,NASA)ASTER GDEM2 数据集,分辨率为 30 m(郭笑怡 等,2011);海南岛 18 市(县)2009—2010 年冬种瓜菜种植面积来自海南省农业厅;2009—2010 年 18 市(县)耕地面积来自 2010 年、2011 年海南省统计年鉴;灾情数据来自《中国气象灾害大典·海南卷》。

6.2.1.2　研究方法

　　1)指数计算方法

　　农业气象灾害系统由孕灾环境、承灾体、致灾因子、灾情 4 个子系统组成,其中灾情是孕灾环境、承灾体、致灾因子相互作用的最终结果(霍治国 等,2003)。因此,本研究基于农业气象灾害系统构成体系和灾害风险理论(霍治国 等,2003;王丽媛 等,2011),按照孕灾环境敏感性、承灾体易损性和致灾因子危险性构建冬种瓜菜暴雨洪涝灾害风险指数计算模型,即

$$FDRI = VH^{wh} \times VS^{ws} \times VV^{wv} \tag{6-5}$$

式中,$FDRI$ 为冬种瓜菜暴雨洪涝灾害综合风险指数,VH,VS,VV 分别为冬种瓜菜暴雨洪涝灾害致灾因子危险性指数、孕灾环境敏感性指数、承灾体易损性指数,wh,ws,wv 分别为各指数的权重。

致灾因子危险性指数、孕灾环境敏感性指数、承灾体易损性指数为 2 级评价指标,其中又分别包含一些 3 级指标,为了消除指标因子量纲和数量级的差异,对每个因子进行归一化处理,即

$$D = 0.5 + 0.5 \times \frac{A - \min}{\max - \min} \tag{6-6}$$

式中,D 为指标的归一化值,A 为该指标的原值,$\min$ 和 $\max$ 分别为该指标的最小值和最大值。

对于含有两个或以上 3 级指标的致灾因子危险性指数和孕灾环境敏感性指数,计算时采用加权法,即

$$V = \sum_{i=1}^{n} W_i D_i \tag{6-7}$$

式中,V 为评价指数,D_i 为指标 i 的归一化值,由式(6-6)计算得到,n 为 3 级指标的个数,W_i 为指标 i 的权重。

暴雨过程强度分级用百分位数法进行计算(张京红 等,2010)。

2)评价指标分析计算

致灾因子危险性:

(1)致灾因子分析

海南岛降水导致冬种瓜菜受灾主要表现为:在短时或连续剧烈降水过程中,雨水不能迅速排除,造成瓜菜地积水严重,轻则下垫面土壤水分过度饱和形成渍害,重则积水冲毁农田、损坏瓜菜,最终影响产量。因此,海南冬种瓜菜暴雨洪涝灾害致灾因子危险性用暴雨强度和暴雨频次表征。

(2)暴雨过程强度分级

海南省气象局发布的暴雨标准为日降水量≥50 mm(《中国气象灾害大典》编委会,2008)。以连续降水日数划分一个过程,并要求该过程中至少 1 d 的降水量≥50 mm,一旦出现无降水则该过程结束,最后将整个过程的降水量累加得到暴雨过程降水量。统计 1961—2012 年 18 个气象站点 9—11 月 1~10 d 暴雨过程的降水量,将所有台站的过程降水量作为一个序列,建立不同时间长度的 10 个降水过程序列。之后分别计算不同序列的第 98,95,90,80,60 百分位数的降水量值,再根据不同百分位数将暴雨强度分为 5 个等级,具体分级标准为 60~80 百分位数、80~90 百分位数、90~95 百分位数、95~98 百分位数、≥98 百分位数对应的降水量分别对应暴雨强度的 1,2,3,4,5 级。

（3）暴雨强度频次统计

根据不同等级暴雨强度雨量范围,计算各等级暴雨强度历年出现的次数,将同一等级所有暴雨过程出现次数 52 年的平均值乘以 10 作为该台站该等级的暴雨强度频次,该台站的综合暴雨强度频次为各等级暴雨强度频次之和。

（4）致灾因子危险性

根据暴雨强度等级越高,对瓜菜洪涝形成所起作用越大的原则,分别给予 1～5 级暴雨强度频次权重为 1/15,2/15,3/15,4/15,5/15(莫建飞 等,2012),利用式(6-7)计算各站点的致灾因子危险性指数。

孕灾环境敏感性:

对孕灾环境敏感性的分析,有助于了解遭受灾害侵袭的区域外部环境对灾害的敏感程度。在同等强度的暴雨洪涝灾害背景下,孕灾环境敏感性程度越高,灾害对冬种瓜菜所造成的破坏越严重,灾害的风险也越大。从洪涝形成的背景与机理分析,前人研究孕灾环境主要考虑地形、水系、植被 3 个因子(莫建飞 等,2012)。但考虑到海南岛地处热带,各地 9—11 月植被指数仍较高,差异不大(刘少军 等,2007);而在地形和水系方面,各地差异较明显(高素华 等,1988)。据此,本研究选择地形、水系作为海南岛冬种瓜菜暴雨洪涝灾害的孕灾环境敏感性影响因子。地形影响通过高程及其标准差的不同组合值来反映(张洪玲 等,2012)(表 6-5),高程越低、高程标准差越小,影响值越大,表示越易于形成涝灾。水系影响用河网密度值(黄诗峰 等,2001)来反映,河网密度越高的地方,遭遇洪涝的可能性越大。

表 6-5　高程和高程标准差的组合赋值

高程	高程标准差		
	1 级(≤1 m)	2 级(1～10 m)	3 级(≥10 m)
1 级(≤100 m)	0.9	0.8	0.7
2 级(100～300 m)	0.8	0.7	0.6
3 级(300～700 m)	0.7	0.6	0.5
4 级(≥700 m)	0.6	0.5	0.4

承灾体易损性:

冬种瓜菜易损性表示冬种瓜菜易于遭受暴雨洪涝灾害威胁和损失的性质和状态。研究表明,作物灾害易损性与种植分布情况关系密切,一般而言,作物种植比例越高,抗灾能力越差,易损性越高,风险也越大(植石群 等,2003)。因此,本研究选取冬种瓜菜种植比例作为冬种瓜菜易损性指数(VV)的计算因子,即

$$VV = \frac{S_1}{S_2} \tag{6-8}$$

式中,S_1 和 S_2 分别为某地冬种瓜菜种植面积和耕地总面积。

3)GIS 空间分析方法

冬种瓜菜暴雨洪涝灾害风险评估涉及的暴雨特征、地理地形、农业生产情况等存在地区差异,用空间属性才能恰当描述。本研究运用 ArcGIS 空间分析模块中的内插分析、栅格运算、自然断点分级等方法完成海南岛冬种瓜菜暴雨洪涝灾害风险区划。其中内插分析采用克里金插值法(何爽 等,2008)进行。

6.2.2 结果与分析

6.2.2.1 致灾因子危险性分析

不同历时暴雨过程的强度等级对应的雨量范围见表 6-6,再利用克里金插值法得到全岛各级暴雨强度频次及综合暴雨强度频次分布如图 6-2 所示。由图可看出,影响海南岛冬种瓜菜的 1,2,4,5 级暴雨强度频次空间分布较相似(图 6-2a、b、d、e),即频次较高区域均分布在海南岛东北部和东部,各级频次分别为 4.76～8.16 次 · $(10a)^{-1}$、2.60～4.23 次 · $(10a)^{-1}$、0.72～1.82 次 · $(10a)^{-1}$ 和 0.50～0.64 次 · $(10a)^{-1}$。3 级暴雨强度频次空间分布与其他略不同(图 6-2c),频次较高区域主要分布在海南岛东部和南部,为 1.30～1.97 次 · $(10a)^{-1}$。

总体来看(图 6-2f),海南岛冬种瓜菜综合暴雨强度频次由东往西逐渐降低,其中琼海市南部、万宁市、琼中县中部和东部、陵水县东北部为综合频次最高区,为 12.76～16.53 次 · $(10a)^{-1}$。次高区主要包括文昌市、琼海市北部、定安县南部、屯昌县中部、琼中县西部和陵水县中部,为 9.96～12.76 次 · $(10a)^{-1}$。

表 6-6　不同历时暴雨过程的强度等级对应的雨量范围　　　　单位:mm

过程日数	1 级	2 级	3 级	4 级	5 级
1	67.2≤P<86.0	86.0≤P<110.7	110.7≤P<141.4	141.4≤P<170.8	P≥170.8
2	94.8≤P<122.1	122.1≤P<148.0	148.0≤P<168.0	168.0≤P<195.9	P≥195.9
3	124.3≤P<171.2	171.2≤P<218.7	218.7≤P<262.0	262.0≤P<330.3	P≥330.3
4	148.8≤P<205.6	205.6≤P<269.2	269.2≤P<332.1	332.1≤P<383.0	P≥383.0
5	166.3≤P<221.1	221.1≤P<292.3	292.3≤P<359.5	359.5≤P<474.6	P≥474.6
6	179.5≤P<245.6	245.6≤P<339.2	339.2≤P<402.1	402.1≤P<483.0	P≥483.0
7	207.9≤P<268.7	268.7≤P<335.0	335.0≤P<408.1	408.1≤P<510.6	P≥510.6
8	209.6≤P<262.1	262.1≤P<313.8	313.8≤P<371.5	371.5≤P<452.1	P≥452.1
9	229.8≤P<309.5	309.5≤P<391.2	391.2≤P<498.9	498.9≤P<661.3	P≥661.3
10	371.9≤P<547.0	547.0≤P<692.8	692.8≤P<830.8	830.8≤P<981.7	P≥981.7

利用克里金插值法计算分辨率为 500 m×500 m(下同)的全岛冬种瓜菜暴雨洪涝致灾因子危险性指数,自然断点进行划分,结果见图 6-3a。由图可以看出,海南岛冬种瓜菜暴雨洪涝灾害致灾因子危险性大致呈由东往西逐渐降低的趋势,其中高危

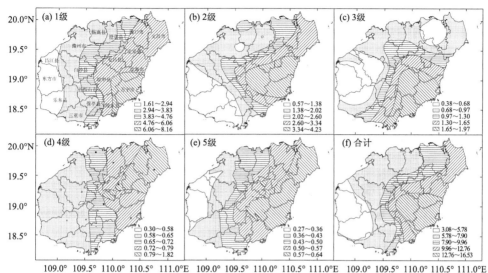

图 6-2　海南岛 9—11 月各级暴雨强度频次空间分布图(单位:次·$(10a)^{-1}$)

险区位于琼海市南部、万宁市、琼中县中东部和南部、屯昌县南部、陵水县和万宁市与琼中县的交界处;次高风险区位于文昌市、琼海市中北部、定安县南部、屯昌县中部、琼中县西部、五指山市东部、保亭县东北部、陵水县中北部;次低和低风险区位于海口市西部、定安县北部、澄迈县大部、临高县、儋州市大部、白沙县大部、昌江县、东方市、乐东县、三亚市和保亭县南部。

6.2.2.2　孕灾环境敏感性分析

将地形因子等级值(表 6-5)和水系因子中的河网密度值进行归一化处理后,根据专家打分法,分别取权重 0.7 和 0.3,利用式(6-7)计算得到海南各站冬种瓜菜暴雨洪涝灾害孕灾环境敏感性指数,自然断点进行划分,结果见图 7-2b。由图可看出,中等以上等级的区域主要分布在岛的外侧,原因是这些区域的高程较低(普遍在100 m以下)、高程标准差也较小(主要为 1～10 m),从而地形因子赋值较高。如果水系较多,河网密度较高,则成为次高和高敏感性区。次低和低孕灾环境敏感性区域主要分布在岛的内陆地区,该区域高程以 100～700 m 为主,小部区域在 700 m 以上,高程标准差绝大部地区≥10 m,河网密度比沿海地区低。

6.2.2.3　承灾体易损性分析

实际生产中,9—11 月海南岛各市(县)约 85% 的冬种瓜菜已播种移栽,所以本研究将 9—11 月的种植面积近似取为该年的种植面积。利用 18 市(县)2009—2010 年耕地面积和冬种瓜菜种植面积,按照式(6-8)计算得到各地冬种瓜菜易损性指数,归一化后分级得到海南岛冬种瓜菜暴雨洪涝灾害易损性区划图(图 6-3c)。由图可看出,海南岛冬种瓜菜暴雨洪涝灾害易损性高值区主要位于南部、东部和北部,其中三亚市和陵水县冬种瓜菜种植面积比例最高,分别为 82% 和 76%,易损性最强。保亭县、乐东县、五指山市、万宁市、屯昌县、澄迈县和文昌市种植比例次高,为 38% ~ 47%,易损性次强。易损性中值区包括琼海市、定安县、临高县和东方市,种植比例在 30% 左右。其余地区冬种瓜菜种植比例在 5% ~ 20%,为次低和低易损性区。

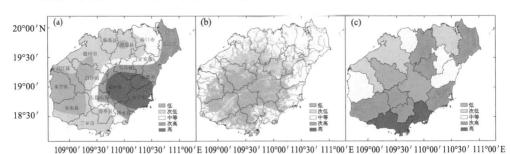

图 6-3　海南岛冬种瓜菜暴雨洪涝灾害致灾因子危险性(a)、
孕灾环境敏感性(b)和易损性(c)分区图

6.2.2.4　洪涝灾害综合风险区划

依据专家打分法,对式(6-5)中 3 个 2 级指标 VH,VS,VV 分别取 0.5,0.3,0.2 的权重系数,按该式利用 ArcGIS 栅格计算模块得到冬种瓜菜暴雨洪涝灾害风险指数,分级后得到海南岛冬种瓜菜暴雨洪涝灾害综合风险区划图(图 6-4)。由图可看出,海南岛冬种瓜菜暴雨洪涝灾害综合风险指数高值区和次高值区主要位于东部和东北部地区,其中万宁市大部、琼海市和屯昌县南部、陵水县中部为高风险区,暴雨洪

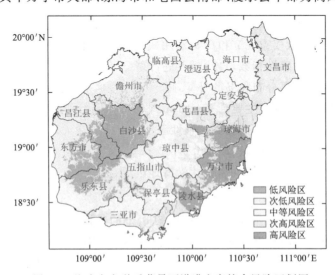

图 6-4　海南岛冬种瓜菜暴雨洪涝灾害综合风险区划图

涝灾害综合风险指数≥0.78。次高风险区暴雨洪涝灾害综合风险指数为 0.73～0.78，主要包括文昌市、琼海市北部、定安县南部、屯昌县中部、琼中县中东部、万宁市和陵水县西南部、陵水县北部、三亚市南部。次低和低风险区主要分布在海南岛西部，包括白沙县、儋州市乐东县和五指山市大部、东方市、昌江县、保亭县和琼中县西部、临高县东南部，该区暴雨洪涝灾害综合风险指数≤0.69。其他区域为中等风险区，主要分布在海南岛北部、中部小部分地区和南部小部分地区，主要包括三亚市北部、乐东县西南部、保亭县东部、五指山东部、琼中县中部和南部、儋州市西部、屯昌县北部、海口市澄迈县定安县临高县大部。

　　海南岛各市（县）历年 9—11 月冬种瓜菜暴雨洪涝灾害的灾情资料几乎为空白，因此，本研究仅统计 1961—2000 年有记录的各市（县）农作物暴雨洪涝灾害发生次数（《中国气象灾害大典》编委会，2008）对区划结果进行验证（图 6-5）。由图 6-5 可看出，海南岛农作物暴雨洪涝发生次数的较高值区主要分布在岛东部和东北部的万宁市、琼海市、文昌市、陵水县、琼中县、定安县，而西部暴雨洪涝灾害发生次数为低值区。此外，查阅相关资料也表明，灾情较重的暴雨洪涝灾害主要发生在万宁市、琼海市和文昌市。由此可见，本区划结果与实际灾情较吻合。

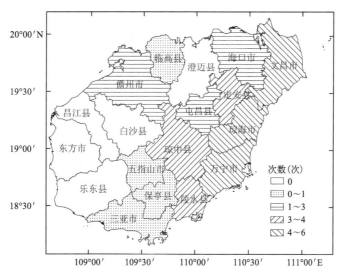

图 6-5　海南岛农作物暴雨洪涝灾害发生次数分布图（1961—2000 年）

6.2.3　结论与讨论

　　海南岛冬种瓜菜暴雨洪涝灾害综合风险高值区和次高值区主要位于东部和东北部地区，其中万宁市大部、琼海市和屯昌县南部、陵水县中部风险最高；次低和低风险区分布在西部；中等风险区主要位于风险高值区、次高值区与次低值区、低值区之间。初步灾情验证表明，区划结果与实际农作物暴雨洪涝灾害灾情分布基本吻合，表明本研究构建的海南岛冬种瓜菜暴雨洪涝灾害风险评估模型具有较高的实际应用价值，可为海南岛冬种瓜菜生产布局、防灾减灾和政府与保险公司制定政策性农业保险提供参考依据。

但本研究也存在一些不足之处。海南岛 9 月暴雨以热带气旋暴雨为主，其概率为 38％（《中国气象灾害大典》编委会，2008），热带气旋暴雨对冬种瓜菜的危害还应考虑风力的影响，因为风力达到一定级别也会对农作物产生不利影响（蒋爱军 等，1998）。本研究在致灾因子危险性方面仅考虑了暴雨强度和频次，并未考虑风力，有待完善。此外，研究表明农业气象灾害风险除了需考虑致灾因子危险性、孕灾环境敏感性和易损性 3 个因子外，防灾减灾能力也是一个重要因子（张继全 等，2006）。有学者利用农作物单产数据进行了防灾减灾能力分析（刘锦銮 等，2003），本研究因资料不足，未将防灾减灾能力作为评价因子，今后将加以完善，进行更加符合实际的冬种瓜菜暴雨洪涝灾害风险区划。

6.3　海南两系杂交水稻不育系南繁精细化气候区划研究

两系杂交水稻具有简化繁殖、制种程序，降低种子生产成本等显著的优越性，又因为不育系的恢复源广而配组自由，可以充分利用常规稻育种成果，因而受到国家有关方面及水稻育种专家（袁隆平，1987）的广泛重视。伴随着两系杂交水稻研究越来越深入，近年来研发的水稻品种越来越多，两系杂交水稻繁、制种及种植面积越来越大，势头已经赶超三系法杂交水稻。但是，两系杂交水稻大面积推广过程中存在一些问题，光温敏核不育系是典型的生态遗传型不育系，繁殖时要求在其育性敏感期维持一定时期育性转换起点温度以下的低温，且抽穗扬花期要求较合适的高温条件才能顺利开花授粉而获得高产（唐文邦 等，2010）。为了解决温敏核不育系繁殖问题，以往研究报道了采用冷水灌溉繁殖法（徐孟亮 等，2003；符辰建 等，2004）、海南冬春繁殖法（肖应辉 等，2007；陈文 等，2006）、高海拔地区繁殖法（唐文邦 等，2007；周承恕 等，1996）和割茬再生繁殖法（刘峰 等，1996）等技术进行温敏核不育系繁殖取得了成功，但是在实践中大多数采用海南冬春繁殖技术（唐文邦 等，2010；肖应辉 等，2007；陈文 等，2006）。

两系杂交水稻繁殖是一项技术性强、环节多、要求高的工作，首要考虑本地的气象条件（唐文邦 等，2010；陈汇林 等，2002；周世怀 等，2000；刁操铨，1994），尤其是异地繁殖时，应首先收集、研究气象资料，把育性敏感期和抽穗扬花期安排在最理想的气象条件之下。据统计，2010 年全国有 29 个省（区、市）502 个单位（或课题组）近 3000 人（不含农民工），在国家南繁办登记到海南南繁基地进行南繁育种，申报面积 3568 hm² （不含琼北地区）（海南省统计局，2010）。两系杂交水稻不育系目前主要在三亚、陵水等地进行冬季反季节繁殖。水稻是喜温作物，低温冷害常导致水稻生育期延迟和空秕率的增加。一般认为（刁操铨，1994），水稻在育性敏感期，当日平均温度

<20 ℃或日最低气温≤17 ℃时,生理上便受到障碍,花粉不能正常发育,容易形成空壳或畸形粒,若温度继续下降,持续天数延长,危害则明显加重;水稻抽穗扬花期遇到低温,轻者出现包颈、黑壳,重者则会抑制花粉粒正常生长,物质代谢失调,这种受害的花粉粒有的虽仍可完成萌发和受精过程,但受精后的谷粒不能进一步发育,后期仍会形成空粒,出现"翘穗"现象。两系杂交水稻不育系繁殖的适宜区域与季节的确定需要考虑这两个安全期问题,即不育系育性敏感期的安全性和抽穗扬花期的安全性,这两个安全期既有其对气候条件的特定性要求又相互关联。

笔者分析海南全省 1—3 月气象条件,根据两系杂交水稻不育系育性敏感期和抽穗扬花期需要的温度指标条件,利用 GIS 技术和数理统计回归分析以及气候资料的细网格模拟分析方法,对海南杂交稻进行气候区划研究,以期为气候变暖背景下两系杂交水稻不育系南繁提供合理规划布局和可持续发展提供科学依据。

6.3.1　研究方法

统计近 50 年的气象条件,把不育系育性敏感期和抽穗扬花期的适宜发育概率、低温冷害概率、遇高温概率和综合概率。采用 GIS 技术,以反距离权重法将综合概率进行空间插值计算。客观模拟推算出区划因子在无测站点地区的分布状况,并进行计算,最后绘制两系杂交水稻不育系繁殖精细化气候区划图。

6.3.2　结果与分析

6.3.2.1　不育系育性敏感期风险概率

不育系育性敏感期温度是决定不育系育性是否恢复,即繁殖能否成功最关键的气象指标。两系杂交水稻不育系在自然条件下繁殖时,由于不育系的可育温度范围很窄,育性敏感期很容易遇到超出可育温度范围的异常高温或低温而造成繁殖失败。不同的两系杂交水稻不育系育性敏感期感温指标存在一定差异,但从繁殖群体发育整齐度考虑,一般认为育性敏感期要求的温度条件日平均气温大于或等于生理临界不育温度(16 ℃),无连续 3 d 平均气温大于不育起点气温(通常 23 ℃)(刘海 等,2011)。参考此项研究结果,本研究以旬平均气温 17~23 ℃为育性敏感期的安全期,旬平均气温低于 17 ℃或高于 23 ℃定义为非适宜条件。

统计了 1 月上旬至 3 月上旬两系杂交水稻不育系育性敏感期的气象要素空间分布概率(表 6-7)。从表中可以看出,从南到北,不育性敏感期风险概率逐渐变大,南部概率最大达到 98%,而北部地区最大值都达不到 80%;时间上,北部地区随着时间,概率增大,而南部地区反而下降,其中三亚概率下降最明显。主要是因为前期北部育性敏感期主要以低温较重,概率都在 32%~54%;到后期,南部地区高温较重,频率甚至高达 54%。

表 6-7　两系杂交水稻不育系育性敏感期气象条件概率　　　　单位:%

地区		1月上旬			1月中旬			1月下旬			2月上旬			2月中旬			2月下旬		
		St	Lt	Ht	St	Lt	Ht	St	Lt	Ht	St	Lt	Ht	St	Lt	Ht	St	Lt	Ht
北部	海口	66	34	0	58	42	0	64	36	0	66	32	2	66	30	4	70	18	10
	定安	65	35	0	67	33	0	63	37	0	69	29	2	73	14	10	71	8	16
	澄迈	56	44	0	62	38	0	60	40	0	68	30	2	72	18	8	70	14	16
	临高	57	43	0	53	47	0	55	45	0	59	37	4	67	29	4	67	22	10
	儋州	55	45	0	60	40	0	57	43	0	65	33	2	69	17	14	71	14	14
东部	琼海	78	22	0	70	30	0	72	28	0	74	24	2	80	12	8	76	6	16
	文昌	73	27	0	69	31	0	67	33	0	76	22	2	82	10	6	82	4	12
	万宁	78	18	4	82	16	2	86	14	0	78	20	2	74	6	14	70	8	22
中部	屯昌	60	40	0	64	36	0	60	40	0	68	30	2	78	14	8	76	10	14
	白沙	52	48	0	54	46	0	58	42	0	60	38	2	80	16	4	78	10	12
	琼中	46	54	0	52	48	0	58	42	0	62	38	0	78	16	2	76	14	8
西部	昌江	80	20	0	84	16	0	87	13	0	73	24	2	76	7	16	73	4	20
	东方	76	22	2	76	24	0	76	24	0	76	22	2	72	14	12	76	8	16
南部	乐东	90	10	0	88	10	2	86	10	2	86	10	2	82	4	12	67	4	27
	五指山	70	30	0	72	28	0	84	16	0	76	24	0	92	6	2	86	6	8
	保亭	96	4	0	96	4	0	93	2	2	91	2	4	82	0	18	71	0	27
	陵水	98	0	0	92	6	0	92	6	2	92	2	4	82	0	18	70	0	28
	三亚	74	2	20	78	4	18	90	0	10	78	0	22	56	0	44	46	0	54

注:适宜概率 St;低温概率 Lt;高温概率 Ht。下同。

6.3.2.2　不育系抽穗扬花安全期风险概率

水稻抽穗扬花期要求的适宜温度,过高或过低都将影响水稻开花受精,从而导致结实率下降。两系杂交水稻不育系扬花授粉需要 10 余天时间,本研究以旬平均温度高于 22 ℃,旬最高温度低于 33 ℃ 为抽穗扬花期的安全期,旬平均温低于 22 ℃ 或旬最高温度高于 33 ℃ 定义非适宜条件。

由抽穗扬花期安全概率(表 6-8)可见,前期南部地区概率大部分时候都高于 90%,北部地区 1—2 月概率都在 60% 以下,后期南部地区依然维持较高的概率水平,北部概率也有所增加,但西部反而从一个较高水平(90% 以上)下降至 50% 以下。主要是前期北部低温出现的概率较高,在在 26%~74% 西部和南部地区低温概率相对于北部较轻;后期全省低温下降,但高温概率增加,西北部内陆和中部地区尤其明显,如白沙和昌江,高温异常甚至分别达 44% 和 66%。

表 6-8　两系杂交水稻不育系抽穗扬花期气象条件概率　　　　　单位：%

地区		1月下旬			2月上旬			2月中旬			2月下旬			3月上旬			3月中旬		
		St	Lt	Ht	St	Lt	Ht	St	Lt	Ht	St	Lt	Ht	St	Lt	Ht	St	Lt	Ht
北部	海口	36	64	0	30	70	0	38	60	2	28	68	4	42	52	6	52	42	6
	定安	48	52	0	34	64	2	46	50	4	36	58	6	56	38	6	74	18	8
	澄迈	42	58	0	38	62	0	48	48	4	34	58	8	54	38	8	66	24	10
	临高	36	64	0	26	74	0	34	66	0	28	66	6	32	56	12	55	45	0
	儋州	56	40	4	54	42	4	50	34	16	34	46	20	48	26	26	48	16	36
东部	琼海	34	66	0	36	64	0	44	56	0	42	58	0	58	40	2	78	22	0
	文昌	20	80	0	26	74	0	32	68	0	36	64	0	44	56	0	78	22	0
	万宁	52	48	0	52	48	0	52	42	0				76	24	0	86	14	0
中部	屯昌	44	56	0	32	68	0	38	52	10	36	56	8	52	34	14	60	18	22
	白沙	48	50	2	48	48	4	46	40	14	34	42	24	46	22	32	48	10	42
	琼中	30	70	0	30	70	0	42	54	4	38	54	8	56	40	4	68	16	16
西部	昌江	84	4	12	80	6	14	68	4	28	62	6	32	58	4	38	42	4	54
	东方	72	28	0	70	30	0	74	26	0	60	40	0	72	28	0	84	14	2
南部	乐东	96	2	2	96	2	2	80	2	18	76	6	18	74	2	24	44	0	56
	五指山	90	10	0	74	26	0	92	8	0	80	20	0	90	8	2	86	10	4
	保亭	92	8	0	86	14	0	96	4	0	88	10	2	90	6	4	96	4	0
	陵水	94	6	0	100	0	0	98	2	0	94	6	0	96	4	0	100	0	0
	三亚	96	4	0	98	2	0	96	4	0	98	2	0	96	4	0	96	4	0

6.3.2.3　两个关键期同时满足安全概率

水稻敏感期由于育性转换敏感期一般是在抽穗前 10～25 d(周世怀 等,2000)，因此在考虑育性转换安全期的同时,还要考虑其后 20 d 内的温度是否能满足抽穗开花的要求条件。因此,统计两系杂交水稻不育系育性敏感期和抽穗扬花期的安全期概率,用抽穗扬花期安全概率及其前两旬敏感期安全概率相乘,得出两者安全期同时满足的概率。

由表 6-9 可知,北部地区、东北部和中部地区的两者的综合概率较低,基本不超过 65% 的成功率;南部两者同时满足的概率最高,尤其是花期安排在 1 月下旬至 3 月上旬,安全期概率在 80% 以上,花期安排在 3 月上旬以后,两者安全期概率下降明显。这与很多育种专家(肖应辉 等,2007)在海南繁殖低温敏核不育系繁殖的时间一致,通常将不育系育性敏感期安排在 2 月上旬或中旬,抽穗扬花期在 2 月底至 3 月初。

表 6-9　两个关键期同时满足安全概率　　　　　　　单位:%

市(县)		1月上旬和1月下旬	1月中旬和2月上旬	1月下旬和2月中旬	2月上旬和2月下旬	2月中旬和3月上旬	2月下旬和3月中旬
北部	海口	24	17	24	18	28	36
	定安	31	23	29	25	41	53
	澄迈	24	24	29	23	39	46
	临高	21	14	19	17	22	37
	儋州	31	32	29	22	33	34
东部	琼海	27	25	32	31	46	59
	文昌	15	18	22	27	36	64
	万宁	41	43	50	41	56	60
中部	屯昌	26	20	23	24	41	46
	白沙	25	26	27	20	37	37
	琼中	14	16	24	24	44	52
西部	昌江	67	64	59	45	44	30
	东方	55	53	56	46	52	64
南部	乐东	86	84	69	65	60	30
	五指山	63	53	77	61	83	74
	保亭	88	82	90	80	74	68
	陵水	92	92	90	86	79	70
	三亚	71	76	90	76	54	44

6.3.2.4　区划结果分区

根据两系不育系杂交水稻育性敏感期和抽穗扬花期两者同时满足的安全期概率累计值,在 GIS 软件平台上进行插值计算,将海南两系杂交稻划分为适宜、次适宜和不适宜气候区,即以两个关键期同时满足安全概率的最大值>85%为适宜区,65%~85%为次适宜区,其他为不适宜区,制作两系不育系杂交水稻种植气候区划专题图(图 6-6)。由图 6-6 可见,杂交水稻气候适宜性由南向北基本呈纬向分布,分别为适宜、次适宜和不适宜种植气候区。

1)适宜区

该地区主要包括陵水、保亭盆地、三亚和乐东部分地势较低的地区,该区两系不育系杂交水稻育性敏感期和抽穗扬花期的安全期概率较高,低温异常和高温异常概率最小,是全省热量条件最好的地方,目前种植杂交稻面积最大。尤其是陵水地区,合理安排育性敏感期的时间,是可以获得较高的产量和较好的品质。比如育性敏感期安排在 2 月下旬以前是比较安全的,3 月之后,不育系容易受到高温影响导致育种失败。

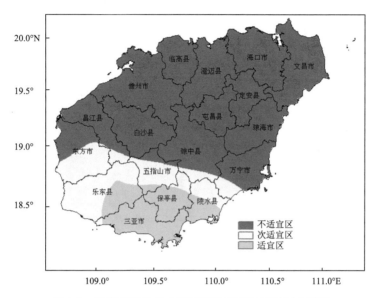

图 6-6　海南两系杂交水稻不育系南繁气候区划专题图

2）次适宜区

该地区主要包括东方、昌江部分、五指山和万宁南部地区，该区两系不育系杂交水稻育性敏感期和抽穗扬花期的安全期概率相对适宜区明显降低，育种灾害还是比较重，是全省热量条件较好的地方。该区东部水分条件较好，西部水分条件为全省最差地区，冬春季节干旱重，需要灌水等田间管理工作较多。

3）不适宜区

该地区主要为北部和中部山区等全省大部分地区，该区两系不育系杂交水稻育性敏感期和抽穗扬花期的安全期概率为全省最低，杂交水稻育种期间，主要以低温异常为主，冬季育种低温冷害较重；2 月下旬之后高温异常概率增加较快，又容易高温异常，育种灾害还是最重，育种失败的概率较高，而且山区连片水田较少，耕种和劳作交通不便利，主要以台地种植林地经济作物。

6.3.3　结论与讨论

（1）本区划采用 GIS 技术和小网格分析方法，将两系杂交稻繁殖划分为适宜区、次适宜和不适宜气候种植区划，区划结果更细致、更精确，也更符合实际分布，为进一步优化繁殖布局提供了科学依据。

（2）两系杂交水稻育性敏感期的安全期概率，地域上，从北到南概率逐渐增加；时间上，1 月上旬至 2 月中旬，敏感期概率随着时间而增加，2 月下旬之后，概率下降。主要原因为，五指山以北地区 2 月中旬以前主要是低温异常为主，之后低温异常和高温异常并重。相对而言，五指山以南地区低温和高温异常概率都较低，最适合杂交稻繁殖种。

（3）两系杂交水稻抽穗扬花期的安全期概率，也是从北到南逐渐增加；五指山以北地区概率较低，大部分地区都以低温异常为主。

当前海南南部地区冬季瓜菜种植范围扩大，两系法杂交水稻南繁育种土地受到一定面积限制，本研究选取的两系法杂交水稻育性敏感期和抽穗扬花期的安全期指标较以往学者的指标范围宽泛一些，科学地选择两系杂交繁殖基地，合理进行生产布局和时间安排，充分利用海南气候资源，就能够最大程度降低繁殖风险，获得杂交水稻繁殖效益的最大化。

第7章 海南"三棵树"种植适宜性区划

7.1 海南橡胶树种植气候适宜性区划

国内外学者对不同作物的气候适应性进行了大量的研究(金志凤 等,2014;段海来 等,2010;张彩霞,2016;丁丽佳 等,2011;高素华,1988;高素华 等,1982;农牧渔业部热带作物区划办公室,1989;周兆德,2010;张莉莉,2012;刘少军 等,2015c;2015e;Adzemi et al.,2013)。其中,在橡胶树方面,不同的研究者采用不同的指标开展了橡胶树种植区划研究(高素华,1988;高素华,1982;农牧渔业部热带作物区划办公室,1989;周兆德,2010;张莉莉,2012;刘少军 等,2015c;2015e)。高素华利用1957—1980年气象资料采用模糊综合评判的方法,以年平均气温、年极端最低气温、年降水量、年平均风速4个气候区划指标,对海南岛橡胶树进行了农业气候区划(1988),并采用类似方法利用6个代表站点1960—1978年的气象数据对全国橡胶树进行了农业气候区划(1982)。有学者采用最低气温≤0 ℃出现概率、阴雨天>20 d期内平均气温≤10 ℃出现概率、月平均气温≥18 ℃的月数和年降水量、可能达到的产量等指标进行了中国橡胶树生态适应性区划(农牧渔业部热带作物区划办公室,1989;周兆德,2010)。张莉莉(2012)利用海南岛18个台站1979—2008年气象资料,采用年平均气温、年降水量、月平均气温18 ℃的月数、年平均风速、年日照时数、海拔高度、坡度、极端最低气温≤5 ℃频率、最冷月平均气温、≥12级风次数、10～11级风次数、8～9级风次数、产量13个指标完成了海南岛天然橡胶种植气候适宜性区划。刘少军等(2015c)利用全国92个站点1981—2010年气象数据,采用最大熵模型和影响橡胶树种植的5个主导气候因子(最冷月平均气温、极端最低气温平均值、月平均气温≥18 ℃月份、年平均气温、年平均降水量)计算橡胶树种植气候适宜性指数,再结合橡胶树台风灾害指数和橡胶树综合寒害指数,利用模糊综合评价模型,进行了中国橡胶树种植气候适宜性区划。

7.1.1 资料与方法

7.1.1.1 资料

研究所用资料为1981—2010年≥10级风出现次数、日降水量和日最低气温数据。

7.1.1.2 区划方法

本研究采用≥10级风出现次数(单位:次·$(10a)^{-1}$)、年降水量(单位:mm)和极端最低气温≤3 ℃概率(单位:％)3 个指标对海南岛橡胶种植气候适宜性进行区划。为了消除各指标的量纲和数量级的差异,对每个指标进行归一化处理:

$$D=0.5+0.5\times\frac{A-min}{max-min} \tag{7-1}$$

$$D=1-0.5\times\frac{A-min}{max-min} \tag{7-2}$$

式中,D 为归一化值,A 为各市(县)指标值,min 为某指标 18 市(县)最小值,max 为某指标 18 市(县)最大值。年降水量采用式(7-1)计算,≥10 级风出现次数和极端最低气温≤3 ℃概率采用式(7-2)计算。

之后利用专家打分法对≥10 级风出现次数、年降水量和极端最低气温≤3 ℃概率 3 个指标赋予不同权重,在 ArcGIS9.3 软件里对 3 个指标归一化值栅格图层进行叠加处理,利用自然断点法进行分类得到海南岛橡胶树种植气候适宜性区划图(图 7-1)。

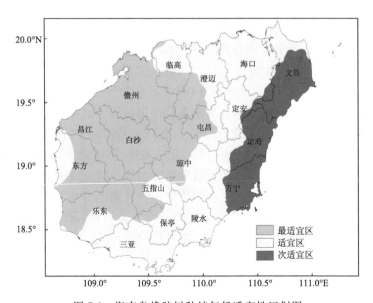

图 7-1　海南岛橡胶树种植气候适宜性区划图

7.1.2　结果与分析

1. 最适宜区

海南岛橡胶树种植气候最适宜区主要分布在海南岛西部和中部地区,包括儋州中、东部,临高南部,澄迈西南部,白沙,屯昌西半部,琼中西半部,昌江中、东部,东方中、东部,乐东北半部,五指山西半部和保亭西北角。该区≥10 级风出现次数<9 次·(10a)$^{-1}$,属于轻风害风险区;年降水量西部少部分区域为 1500～1800 mm,降水稍显不足,其余区域>1800 mm,降水充沛;极端最低气温≤3 ℃概率白沙、琼中、儋州、五指山、保亭、乐东和昌江部分区域会高于 10% 或为 5%～10%,橡胶树发生寒害风险较高,其余大部分地区<5% 或为 0,橡胶树发生寒害风险低或无寒害发生。

2. 适宜区

海南岛橡胶树种植气候适宜区主要分布在海南岛北部、南部地区和西部、中部、东部少部分地区,包括临高中、北部,澄迈除西南部外其余地区,海口大部分地区,文昌西北角,定安大部分地区,屯昌东半部,琼海西部,万宁西部,琼中东半部,五指山东半部,保亭除西北角外其余地区,陵水、三亚、乐东南部、东方西部、昌江西部和儋州西部。该区≥10 级风出现次数为 9～12 次·(10a)⁻¹,属于中风害风险区;年降水量东方西部,乐东和三亚<1800 mm,其中部分地区降水<1500 mm,降水较为不足,其余大部分区域>1800 mm,降水充沛;极端最低气温≤3 ℃概率五指山、琼中少部分地区会高于 10% 或为 5%～10%,橡胶树发生寒害风险较高,其余大部分地区低于 5%或为 0,橡胶树发生寒害风险低或无寒害发生。

3. 次适宜区

海南岛橡胶树种植气候次适宜区主要分布在海南岛东部沿海地区,包括文昌除西北角外其余地区,海口东南角、琼海中、东部,万宁中、东部和陵水东部少部分地区。该区≥10 级风出现次数>12 次·(10a)⁻¹,属于重风害风险区;年降水量>1800 mm,降水充沛;极端最低气温≤3 ℃概率为 0,无寒害发生。

7.1.3　结论与讨论

本研究利用≥10 级风出现次数、年降水量和极端最低气温≤3 ℃概率 3 个指标对海南岛橡胶种植气候适宜性进行区划,结果表明海南岛橡胶树种植气候最适宜区主要分布在海南西部和中部地区,适宜区主要分布在海南北部、南部地区和西部、中部、东部少部分地区,次适宜区主要分布在海南东部沿海地区。这与张莉莉(2012)研究结果较为一致。2018 年,儋州市、白沙县、琼中县、澄迈县和屯昌县橡胶树种植面积分别为 84145 hm²、64560 hm²、56270 hm²、50607 hm² 和 37128 hm²,排名全省前五,文昌、琼海和万宁等地区种植面积在 4750～35259 hm²,总体而言,本研究得出的结论与实际较为吻合。

7.2　海南橡胶割胶期气候适宜度变化特征分析

橡胶树原产于巴西亚马逊河流域,现已布及亚洲、非洲、大洋洲、拉丁美洲 40 多个国家和地区。中国天然橡胶产区位于海南、云南、广东、广西以及福建等地。截至 2016 年,海南岛橡胶种植面积达 54.1 万 hm²,干胶年产量 35 万 t(海南省统计局 等,2017),占全国的半壁江山。海南岛地处热带地区北缘,易遭受极端气候事件的影响,橡胶遭受不同等级的低温、干旱、热带气旋等气象灾害影响,造成橡胶干胶产量损失严重(马玉坤 等,2015;王春乙,2014;王劲松 等,2015;袁良 等,2013;郭玉清 等,

1980;杨铨,1987;李国尧 等,2014;华南热带作物学院,1989)。如 2008 年年初海南
持续 24 d 的低温阴雨过程,导致西北部内陆橡胶出现严重寒害灾害(阚丽艳 等,
2009;陈小敏 等,2013b;刘少军 等,2015b;2015d;邱志荣 等,2013);2011 年"纳沙"
(张明洁 等,2014)、2014 年"威马逊"(刘少军 等,2016)等强台风对橡胶造成了不同
程度的折枝或倒伏(杨少琼 等,1995;张京红,2012;2013;刘少军 等,2014);2010 年
海南出现严重干旱,导致大量橡胶树叶片枯黄脱落,严重影响割胶(李海亮 等,
2016)。可见,橡胶生长发育、割胶作业和产量与气候条件密切相关。因此建立橡胶
割胶气候适宜性变化特征分析,对科学指导和调整橡胶种植产区,合理利用气候资
源,提高橡胶产量具有重要意义。

　　农作物的气候适宜度是把气候因子(温度、光照、降水等)的数量变化,通过模糊
数学中隶属函数的方法转化成对作物生长发育、产量形成、质量优劣的适宜程度(魏
瑞江 等,2006)。近年来不少学者针对水稻(张建军 等,2013)、小麦(宋迎波 等,
2013;李昊宇 等,2012;成林 等,2017;王胜 等,2017)、玉米(王胜 等,2017;谭方颖
等,2016;侯英雨 等,2013;李树岩 等,2014;2015)等作物的气候适宜度评价、作物产
量预报、农作物发育期模拟等开展了大量研究。其中,张建军等(2013)建立安徽一季
稻生长气候适宜性评价指标;王胜等(2017)利用气候适宜度分析安徽淮北平原冬小
麦及其年景;谭方颖等(2016)、侯英雨等(2013)等基于气候适宜度的东北地区春玉米
发育期模拟模型;针对其他经济作物研究(金志凤 等,2014;刘琰琰 等,2015;吉志红
等,2015;阿布都克日木·阿巴司 等,2017;王华 等,2014)也见报道。

　　针对橡胶气象服务研究,主要集中在台风、低温等农业气象灾害预报预警方面
(陈小敏 等,2013b;刘少军 等,2015b;2015d;邱志荣 等,2013;张明洁 等,2014;刘少
军 等,2016;杨少琼 等,1995;张京红,2012;2013;刘少军 等,2014;李海亮,2016),气
候适宜研究仅见刘少军等(2015c;2015e)的研究,其利用温度、降水量和降水日数、日
照、风速等气象要素建立模型,定量评价海南橡胶在第一蓬叶生长期的气候适宜性。

　　本研究结合刘少军等(2015c;2015e)的研究成果,根据橡胶割胶和排胶温度、日
照时数、降水量及风速等农业气象指标确定割胶期气候要素参数值,建立逐日光、温、
水和风适宜度模型,以定量评价橡胶割胶期内气候适宜性;在此基础上,分析气候变
暖背景下作物气候适宜度时空演变特征,动态评估橡胶割胶期气候风险,成果可为作
物种植科学布局及应对气候变化提供参考。

7.2.1　资料与方法

7.2.1.1　资料来源

　　气象资料选取海南省 18 市(县)气象台站 1961—2017 年逐月要素,包括平均气
温、最低气温、降水量、降水日数、日照时数和风速等。1988—2016 年橡胶单产数据
来源于海南农垦系统部门和海南省统计局。

7.2.1.2　橡胶割胶气候适宜度模型的构建

1)单要素适宜度模型构建

温度适宜度函数　根据华南热带作物研究院的指标(华南热带作物学院,1989),平均温度在 18.0～28.0 ℃为适宜胶乳合成和排胶,其中,最适宜温度为 22.0～25.0 ℃。根据这一橡胶割胶指标,参考宋迎波等(2013)的方法,建立橡胶生长的温度适宜度函数,具体如下:

$$S_T = \frac{(T-T_1)(T_2-T)^B}{(T_0-T_1)(T_2-T_0)^B} \tag{7-3}$$

$$B = \frac{T_2-T_0}{T_0-T_1} \tag{7-4}$$

式中,T 表示割胶温度(由于割胶作业通常安排在 02—09 时,故 T 值处理为最低气温和平均气温值的平均值;单位:℃),T_1,T_2,T_0 分别为研究时间段内橡胶生长的最低温度、最高温度和最适宜温度(单位:℃);S_T 表示温度为 T 时的温度适宜度,B 表示最高温度和最适宜温度的差值与最适宜温度和最低温度差值之比。

日照适宜度函数　橡胶树要求充足的光照,在年日照时数≥2000 h 的地区,橡胶树生长良好且产胶量较高(杨铨,1987;李国尧 等,2014)。建立的橡胶日照时数的适宜度函数如下(黄璜,1996):

$$S_S = \begin{cases} e^{-[(S-S_0)/b]} & S<S_0 \\ 1 & S \geqslant S_0 \end{cases} \tag{7-5}$$

式中,S_S 为日照时数适宜度,S 为实际日照时数(单位:h),S_0 为特定地区特定时间的可照时数的 55%,b 为常数,取 5.1。

降水适宜度函数　适宜橡胶树生长和产胶的降水指标,以年降雨量在 1500 mm 以上为宜。年降雨量在 1500～2500 mm,相对湿度 80%以上,年降雨日>150 d,最适宜于橡胶的生长和产胶。已有研究(郭玉清,1980;杨铨,1987;李国尧 等,2014;华南热带作物学院,1989)认为月降雨量>150 mm,月雨日数>10 d,最适宜橡胶胶乳合成和排胶。在考虑月降水量和月雨日数的情况下,参考已有研究(成林 等,2017;刘少军 等,2014;李海亮 等,2016;魏瑞江 等,2006;张建军 等,2013)和方法,建立橡胶割胶期降水适宜度函数,具体如下:

$$S_p = (S_r + S_d)/2 \tag{7-6}$$

式中,S_p 表示割胶期降水适宜度;S_r 为橡胶在不同月份的降水量适宜度;S_d 为橡胶在不同月份的降水日数适宜度。

其中,割胶期降水量适宜度函数为:

$$S_r = \begin{cases} R/R_1 & R<R_1 \\ 1 & R \geqslant R_1 \end{cases} \tag{7-7}$$

式中,S_r 为割胶期降水量适宜度,R_1 为割胶适宜降水量(单位:mm),R 为生育期内的实际降水量(单位:mm)。

割胶期降水日数适宜函数为:

$$S_d = \begin{cases} d/d_1 & d \leqslant d_1 \\ 1 & d_1 < d < d_h \\ d_h/d & d \geqslant d_h \end{cases} \tag{7-8}$$

式中,S_d 为割胶降水日数适宜度,d_l 和 d_h 分别为橡胶割胶期适宜降水日数的上限和下限(单位:d),d 为橡胶割胶期内实际降水日数(单位:d)。

风速适宜度函数　橡胶树性喜微风,惧怕强风,在不考虑强风的影响下,当平均风速<1.0 m·s⁻¹时,对橡胶树生长有良好效应;平均风速 1.0~1.9 m·s⁻¹时,对橡胶树生长无影响;平均风速 2.0~2.9 m·s⁻¹时,对橡胶树生长、产胶有抑制作用;平均风速≥3.0 m·s⁻¹时,严重抑制橡胶树的生长和产胶(李国尧 等,2014;华南热带作物学院,1989)。因此,根据橡胶对风速的要求,建立橡胶风速的适宜度函数,具体如下:

$$S_w = \begin{cases} 1 & w \leqslant w_l \\ (29/9) \times (w_h - w)/w_h & w_l < w < w_h \\ 0 & w \geqslant w_h \end{cases} \tag{7-9}$$

式中,S_w 为橡胶割胶期的风速适宜度,w 为实际风速(单位:m·s⁻¹),w_l 和 w_h 分别为橡胶割胶期适宜风速的下限和上限(单位:m·s⁻¹)。

2)多要素气候适度模型

气候适宜度模型综合考虑了温度、日照时数、降水量、降水日数和风速等多个要素对割胶的影响,参考谭方颖等(2016),侯英雨等(2013)文献的基础上,采用几何平均和综合乘积的方法,建立橡胶割胶期综合气候适宜度模型:

$$S_{T,P,S,W} = \sqrt[4]{S_T \times S_S \times S_p \times S_W} \tag{7-10}$$

式中,S_T,S_p,S_S 和 S_W 分别代表割胶期间温度、日照、降水和风速适宜度。

3)橡胶割胶适宜度模型中指标的确定

根据橡胶树生长对温度、降水、光照、风速条件的要求,参考《橡胶栽培学》(华南热带作物学院,1989)、宋迎波等(2013)、侯英雨等(2013)的基础上,确立了橡胶割胶适宜度模型中各个割胶指标(表 7-1)。

表 7-1　海南岛橡胶割胶期适宜度评价指标

温度(℃)			月降水(mm)	月雨日(d)		日照(h)		风速(m·s⁻¹)	
T_1	T_2	T_0	R_1	d_1	d_h	S_0	b	w_l	w_h
18	28	23	150	10	16	6.0—7.3	5.1	1.9	2.9

7.2.1.3　模型合理性验证

橡胶单产丰歉指数(K_{yi})的计算方法如下(王胜 等,2017):

$$K_{yi} = \frac{y_i - \overline{y}}{y_i} \times 100\%$$ (7-11)

式中，K_{yi}是第 i 年产量丰歉指数，y_i是第 i 年的实际单产值，$\overline{y}$是近 5 年单产的滑动平均值，单位是 kg·hm^{-2}。

利用 1999—2016 年儋州气象和产量资料，以最优的相关系数法（刘琰琰 等，2015），确定儋州地区橡胶割胶期的气候适宜指数（S）和产量丰歉指数（K_{yi}）的回归模型，经检验，气候适宜度与相对气候产量成显著的线性关系（通过 0.01 的显著性检验）。其中，橡胶平均相对气候产量与对应年份 1—12 月气候适宜度作散点相关图，可定量分析相对气候产量与气候适宜度关系（图 7-2）。构建橡胶割胶气候产量模型如下：

$$S = 133.71K_{yi} - 80.867$$ (7-12)

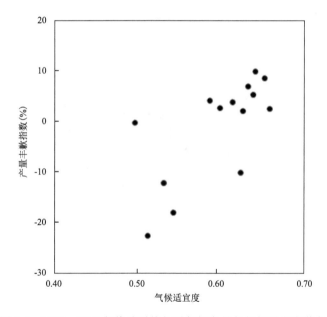

图 7-2　1999—2016 年橡胶平均相对气候产量与气候适宜度散点图

参照文献中前人的做法，以相对气候产量的 ±10% 界定增（减）产指标，将气候丰歉指数 <−10% 作为气候偏差年景，≥10% 作为气候偏好年景，其他为正常年景（王胜 等，2017）。利用气候产量模型即可推算 1999—2016 年橡胶气候丰歉指数，并依据气候丰歉程度划分气候年景等级。与相对气候产量对比，近 17 年橡胶割胶气候年景完全准确的有 13 年，准确率达 76.5%；年景评估偏轻的有 3 年，偏重的有 1 年，累计仅占 23.5%；没有与评估结论相反的结果。

7.2.2 结果与分析

7.2.2.1 海南岛橡胶割胶期适宜度特征

根据式(7-3)至式(7-10),分别计算海南岛橡胶割胶期1—12月温度适宜度、日照适宜度、风速适宜度、降水适宜度和气候适宜度。图15-2是显示海南岛天然橡胶单要素适宜度,其中日照适宜度最高、风速和降水适宜度次之,温度适宜度最低,表明了海南岛光照、降水资源充足,大部分地区风速能满足橡胶胶水合成和产胶,而温度是影响割胶的主要限制因子。

图7-3可以看出,温度适宜度为0.22~0.86,其中10月、4月和9月适宜度在0.7以上,其次3月、5月和11月适宜度在0.6以上,6—8月的适宜度在0.4~0.6,12月至次年2月最低,不足0.4。说明海南春季和秋季温度有利于胶水合成和排胶;6—8月温度过高,导致胶水凝结,不利于排胶;而12月至次年2月温度低,不利于胶水合成,且胶水不易凝结,排胶时间长,易损伤树体。

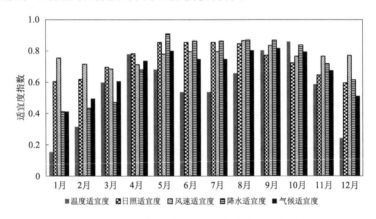

图7-3 1961—2017年橡胶割胶适宜度平均值图

日照适宜度较高,全年在0.66~0.88,除了冬季12月至次年2月低于0.7,其他月份都较高,说明海南岛光照能满足橡胶树生长和橡胶生产。

风速适宜度在0.64~0.80,其中5—9月适宜度都在0.7以上,10月—次年4月都在0.6~0.7。

降水适宜度在0.33~0.90,其中,5—10月适宜度都在0.85以上,11月至次年4月适宜度在0.3—0.6,这与海南季风性气候有关,海南月降水量呈单峰型分布,雨季主要在5—10月,其他月份降水少,容易造成作物干旱(马玉坤 等,2015)。

气候适宜度在0.43~0.80,其中4—11月适宜度在0.7~0.8,适宜橡胶胶水合成和割胶作业,12月至次年3月气候适宜度低于0.6,不适宜橡胶产胶和采胶。

7.2.2.2　海南岛橡胶割胶适宜度空间分布特征

　　受纬度和地形环境影响,海南橡胶割胶期气候适宜度指数存在着明显的地域差异。分析海南岛橡胶割胶适宜度的空间分布情况,其中温度适宜度在 0.45～0.65 (图 7-4a),高值区域分布在中南部地区,西北部内陆次之,低值区域分布在西部、北部

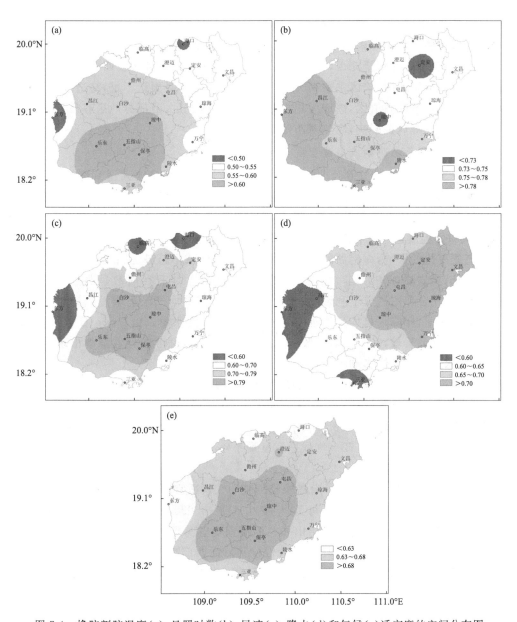

图 7-4　橡胶割胶温度(a)、日照时数(b)、风速(c)、降水(d)和气候(e)适宜度的空间分布图

沿海。日照时数适宜度在 0.72～0.84(图 7-4b),高值区域分布在西南半部,低值区域分布在中部山区和东北部内陆。风速适宜度在 0.21～0.92(图 7-4c),高值区域分布在中部地区,低值区域分布在岛四周的沿海市(县),以东方和海口沿海最低,分别为 0.21 和 0.47。降雨适宜度在 0.48～0.76(图 7-4d),高值区域分布在东北半部,低值区域分布在西南半部。

在光照、温度、水分和风速的综合影响下,气候适宜度在 0.44～0.75(图 7-4e),高值区域主要分布在海南岛中部的屯昌、白沙、琼中、五指山、乐东和保亭地区,该地区温度适宜较高,降水量充足,年平均风速小;低值区域主要分布在西部东方、北部的临高和海口沿海地区,该区主要因为年平均风速大,且年降雨量不足,易造成干旱;其余地区为适宜度次高值区,该地区热量和降水都比较充足,但部分地区容易受高温干旱或遭受台风等风害影响,应注意防范。

7.2.2.3 海南岛橡胶割胶期适宜度年际变化特征

图 7-5 是海南岛橡胶割胶期适宜度年际变化情况。从单要素适宜度看,风速适宜度增大趋势非常显著(通过 0.001 的显著性检验),气候倾向率每 10 年增加 0.05;日照时数适宜度减少趋势较显著(通过 0.01 的显著性检验),气候倾向率每 10 年减少 0.006;而温度适宜度和降水适宜度线性增减趋势不显著(没有通过检验)。这是由于气候变化的影响,海南岛的年平均风速呈现弱的减小趋势(王春乙,2014;陈小敏等,2014b;吴岩峻,2008),非常有利于橡胶生长和割胶;年日照时数呈明显的下降趋势,对橡胶光合作用造成不利影响,减少胶乳合成;年平均气温呈增温趋势对橡胶综合影响不明显;年降水量均呈增加趋势和年雨日(日降水量≥0.1 mm 日数)呈微弱的减少趋势(吴岩峻,2008),对橡胶起到积极作用,但是也可能导致暴雨出现的概率增大,降水适宜度总体影响不显著。

1961—2017 年海南岛橡胶割胶期气候适宜度变化情况(图 7-5e)总体呈上升趋势(通过 0.001 的显著性检验),气候倾向率每 10 年增加 0.009。其中,20 世纪 60—70 年代气候适宜度为 0.64,80 年代为 0.67,20 世纪 90 年代至 21 世纪前 10 年为 0.68,2011—2017 年为 0.72。气候适宜度最小年出现在 1964 和 1973 年为 0.61,最大年出现在 2012 年为 0.75。

图 7-6 是 1961—2017 年海南岛橡胶割胶期气候适宜度线性变化趋势空间分布,大部分地区呈现线性增大趋势,每 10 年在 0.009～0.030,其中,西部昌江、西北部临高和海口、东北部文昌及南部五指山和三亚适宜度呈现特别明显的线性增大趋势,每 10 年在 0.013 以上(通过 0.001 的显著性检验);而西部东方、东南部万宁、保亭和陵水变化不明显,在 0.008 以下,也没有通过显著性检验;其余地区线性增大趋势每 10 年在 0.009～0.013(通过 0.005 以上的显著性检验)。

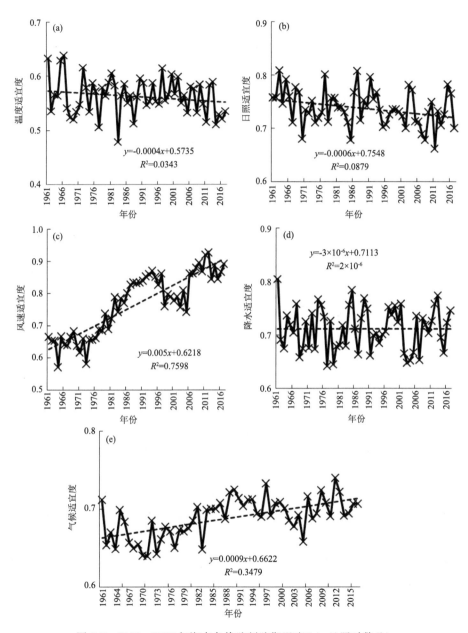

图 7-5　1961—2017 年海南岛橡胶割胶期温度(a)、日照时数(b)、
风速(c)、降水(d)及气候(e)适宜度年际变化图

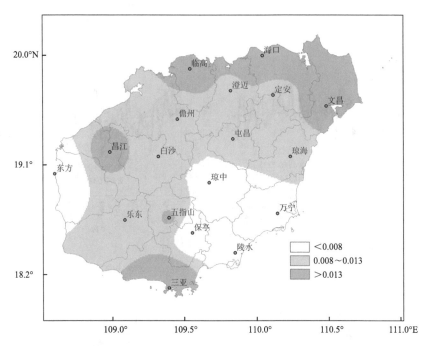

图 7-6　1961—2017 年橡胶割胶期气候适宜度线性变化趋势空间分布图

7.2.3　结论与讨论

7.2.3.1　结论

（1）橡胶生长、割胶和产量与气象条件密切相关。为了定量评估橡胶割胶期的气候适宜性，本研究引入气候适宜度模型，建立了海南岛橡胶割胶期的温度适宜度、日照适宜度、降水适宜度、风速适宜度和综合气候适宜度模型。

（2）基于气候适宜度的年景评估表明，橡胶割胶年景评估完全准确的有 13 年，准确率达 76.5%，无与评估结论相反的结果。可见，橡胶割胶年景评估模型较为科学合理。

（3）海南岛橡胶割胶期日照适宜度最高，降水和风速适宜度次之，温度适宜度最小，表明了海南岛光照和降水资源充足，能满足橡胶胶水合成和排胶，而海南岛处于热带北缘和季风气候区，温度是影响割胶的主要限制因子。橡胶割胶气候适宜度在 0.43~0.80，其中 4—11 月适宜度在 0.7~0.8，适宜橡胶胶水合成和割胶作业，12 月至次年 3 月气候适宜度低于 0.6，不适宜橡胶产胶和采胶，容易导致胶水长流不止，损伤树木。

（4）橡胶割胶期气候适宜性分布空间差异显著，温度适宜度呈中南部地区高，日照适宜度呈西南部高，降水适宜度呈中偏东北部高，风速适宜度呈中高四周低分布。

综合而言,气候适宜度高值区域主要分布在海南岛中部的屯昌、白沙、琼中、五指山、乐东和保亭地区,该地区温度适宜较高,降水量充足,年平均风速小;低值区域主要分布在西部东方、北部的临高和海口沿海地区,该区主要因为年平均风速大,且年降雨量不足,易造成干旱;其余地区为适宜度次高值区,该地区热量和降水都比较充足,但部分地区容易受高温干旱或遭受台风等风害影响,应予以重点防范。

(5)受气候变化影响,海南岛橡胶割胶期气候适宜度变化情况总体呈上升趋势,平均气候倾向率为每 10 年 0.009;其中,20 世纪 60—70 年代低,2011—2017 年高。上升趋势主要贡献来自风速适宜度的增大,这是由于海南岛的年平均风速呈现弱的减小趋势(马玉坤 等,2015;金志凤 等,2014;刘琰琰 等,2015),对橡胶生长和割胶更为有利。其中,西部昌江、西北部临高和海口、东北部文昌及南部五指山和三亚适宜度呈现特别明显的线性增大趋势。

7.2.3.2　讨论

本研究构建的橡胶割胶期气候适宜度模型能综合反映气候条件对割胶影响,有效地刻画海南岛橡胶割胶期气候适宜度优劣动态变化过程。然而橡胶生长、产量形成不仅与气候要素间存在相互影响、相互作用的复杂关系,还与土壤、水肥管理、社会经济效益等其他因子密切相关。为了进一步提高橡胶生产年景评估精度,今后的工作中要深入研究,以提高评估的科学性和准确率。

7.3　海南槟榔种植气候适宜性区划

槟榔原产马来西亚,我国主要分布云南、海南及台湾等热带地区。槟榔(*Areca catechu* L.)是棕榈科槟榔属常绿乔木,中国四大南药之一。槟榔含有多种人体所需的营养元素和有益物质,具有消积、化痰、疗疟、杀虫等功效,是历代医家治病的药果。槟榔的各个部分都有多种用途,槟榔的花、果实、果皮以及种子能够作为药材使用,同时能够制作成保健品,果皮能够用来提出单宁。制作成干的槟榔是我国湖南、台湾等地群众喜欢咀嚼的食品。中国的槟榔产地主要有台湾和海南省。截至 2018 年,海南岛的槟榔种植面积 11 万 hm²,收获面积 7.85 万 hm²,产量 27.2 万 t,种植区域集中在三亚、琼海、万宁、定安、屯昌、澄迈、乐东、琼中、保亭和陵水 10 市(县)(海南省统计局 等,2019)。

槟榔属温湿热型阳性植物,喜高温、雨量充沛湿润的气候环境。主要分布在南北纬28°之间,最适气温在10~36 ℃、最低气温不低于10 ℃、最高气温不高于40 ℃,海拔高度0~1000 m,年降雨量1700~2000 mm 的地区均能生长良好。常见散生于低山谷底、岭脚、坡麓和平原溪边热带季雨林次生林间,也有成片生长于富含腐殖质的沟谷,山坎、疏林内及微酸性至中性的沙质壤土荒山旷野。槟榔属热带雨林作物,对土壤要求并不严格,海南省一般在海拔 300 m 以下的山地、边角地、低湿地均可种植

（陈光能，2017；陈君 等，2009；周文忠，2008；王建荣 等，2007；赵国祥 等，2006）。

7.3.1　资料与方法

　　根据槟榔对气象条件的要求，发现海南岛温度对槟榔的影响没有差异性，主要影响因子是水分条件。槟榔主要种植在旱坡地，无灌溉的雨养类作物，果实丰产高产对水分要求较高。因此，槟榔种植适应性区划主要基于年降雨量和年蒸发量指标（表7-2）。

表 7-2　　海南槟榔种植区划指标　　　　　　单位：mm

区划指标因子	最适宜区	适宜区	次适宜区
年降雨量	＞2000	1600～2000	＜1600
年蒸散量	＜1200	1200～1300	＞1300

7.3.2　结果与分析

　　根据表 7.2 的区划指标，得到槟榔种植气候适宜区图（图 7-7）。

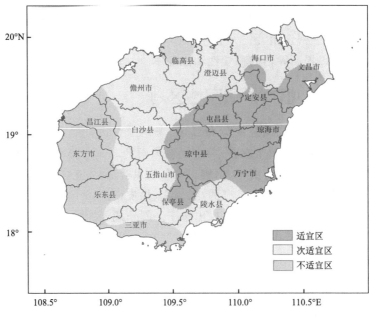

图 7-7　槟榔种植气候适宜区图

1. 适宜区

　　东部的万宁、文昌、琼海和中部的琼中、屯昌、定安，为槟榔种植气候适宜区。该区年降雨量充足，蒸发量较少，气候湿润，适宜槟榔种植。槟榔花果期长达 9 个月，消耗养分较多，应该根据槟榔的不同物候期进行适当水肥管理，以满足植株生长发育和开花结果对水肥的需要。另外,槟榔病虫害也是影响高产稳产的主要原因,尤其是槟榔黄化病和红脉穗螟等病虫害,应通过选育健康种苗、隔离病区、铲除病株、切断病虫源等综合措施重点防治。

2. 次适宜区

北部海口、澄迈、儋州和中部白沙、五指山、陵水为次适宜区。该地区降水量在1600～2000 mm,蒸发量相对较大。该区应根据水源情况,搞好灌溉系统,以保证水源的供给。槟榔叶子大,根系浅,喜温暖湿润,需水量较大,所以园区表层土壤和园林空气湿度必须保持湿润,才能满足槟榔生长发育和开花结果对水分的需要。

3. 不适宜区

不适宜区主要集中在临高、西部昌江、东方和乐东及三亚南部地区。该地区降水量较少,蒸发量较大,容易造成干旱,槟榔种植投入产出比较低,不适宜槟榔种植。

7.3.3 结论与讨论

(1)本研究主要考虑槟榔对水分需求的情况,将海南槟榔种植划分为适宜区、次适宜和不适宜气候种植区划,可为进一步优化槟榔种植生产布局提供科学依据。

(2)区划中东部、中部大部分地区为槟榔种植气候适宜区,不适宜区主要集中在临高、西部及西南部地区,这与海南实际种植分布吻合,可见降雨量充足,气候湿润,适宜槟榔种植,反之,限制了槟榔的发展。

(3)发展槟榔种植,要根据当地的气候条件对槟榔园进行园区规划,采取有效的水肥浇灌措施,建立高产高效的槟榔生产基地。

在"一带一路"倡议的大背景下,海南槟榔产业发展市场潜力巨大,如何利用海南农业气候资源,仅仅分析水分因素是不足的,还应结合槟榔关键生育期,例如,开花期、小果膨大期等对光、温、水、肥等的需求,开展进一步深入研究。该研究结果可为槟榔园区选址、生产和采摘等进行指导,希望能够最大程度降低槟榔风险,使得槟榔种植农户获得效益最大化。

7.4 海南椰子树种植气候适宜性区划

椰子(*Cocos nucifeta L.*)原产于东南亚热带雨林地区,是典型热带木本油料作物,具有很大开发价值,既可以制作食品、亦可炸油,根、汁、油可以入药。全球椰子种植已遍及亚洲、南美洲、大洋洲、非洲。从全球椰子产量来看,主产国有印度尼西亚、菲律宾、印度、斯里兰卡、泰国、马来西亚等。在中国除广东、云南、广西、福建等地有少量种植外,椰子种植主要在海南,约占全国99%。由于热量条件的限制,琼州海峡以北区域种植的椰子树不仅开花少而且果实小,再往北只能作为观赏的风景树(林尤河 等,2000)。在正常管理条件下,椰子的生长发育、产量的高低与气候、土壤等因子关系密切,气温、降水是影响椰子种植的主要限制因子。关于气候与椰子的关系,国内不少学者做过相关研究。如,冯美利等(2015)开展了文昌香水椰子抽苞、开苞和授粉天数与气候因子关系的研究;中国热带农业科学院等(1998)的研究发现低温对椰子果实生长发育有明显的影响,椰果寒害临界温度为 15 ℃;黄丽云等(2009)开展2008 年椰子寒害调查研究;冯美利等(2009,2008)开展香水椰子遭遇寒害时落裂果的规律研究;韩联健等(2000)开展了椰子寒害落裂果的分析研究。在椰子气候适宜性区划方面:黄世兴等(2018)采用≥10 ℃年积温、海拔高度、年日照时数、年平均气温等指标开展了海南省乐东县椰子适宜性区划,结果显示最适宜种植椰子的区域为乐东县的西南沿海地区,其次为乐东县中部地区,最次为乐东县东北部内陆地区。1988 年农牧渔业部热带作物区划办公室采用年平均气温、最冷月平均气温、极端最低气温≤0 ℃出现概率、年降水量等开展了中国椰子生态适宜区区划,研究表明海南岛属于椰子种植的高适宜区(农牧渔业部热带作物区划办公室,1989)。虽然海南是我国椰子种植的最适宜区和主产区,但每年冬季的寒害和次年春季的低温阴雨不同程度的影响椰子的产量和品质(冯美利 等,2010)。随着全球气候变化,在海南范围而言,椰子种植的气候适宜区是否有改变,何种区域更能获的高产椰子值得深入分析和探讨。为了更好地利用气候资源,保障椰子生产的趋利避害。本研究利用影响椰子种植的 7 个气候因子,在充分考虑气候因子对椰子生产的综合影响的基础上,基于最大熵模型构建气候因子与椰子种植适宜性分布的影响模型,开展椰子种植气候适宜性区划,以期为海南椰子种植、生产和规划提供决策参考依据。

7.4.1　资料与方法

7.4.1.1　数据

椰子地理分布数据来自中国数字植物标本馆、遥感数据提取的椰子分布、实地考查数据等,共 38 条。1981—2018 年气象数据来源于国家气象信息中心,要素包括气温、降水、风速、辐射等,降水日数通过气象数据集提取。考虑到椰子在我国种植的实际情况,仅选海南、广东、云南、广西、福建 5 省(区)数据开展研究。

7.4.1.2　研究方法

1)影响椰子种植分布的气候因子

气温是影响椰子生长发育的主导因子,一般情况下平均气温在 26～27 ℃最适宜椰子生长,当年平均气温在 24～25 ℃以上,而且气温的年较差和日较差均小于 6～7 ℃时,椰子才能正常结果。当年平均气温低于 23 ℃,最冷月平均气温小于 15 ℃时,椰子将出现结果少,而且椰果个小肉薄,产油率降低;日最低气温小于 8 ℃则会引起椰子寒害。当极端最低气温<0 ℃出现概率>10%时,椰子将不能正常生长。降雨量对椰子的生长也相对重要,当年降水量在 1200～2300 mm 时,最适宜椰子生长。当年降水量少于 800 mm 的区域,将严重影响椰子生长。保证椰子正常生长所需年日照时数需大于 2000 h,当年日照时数小于 1500 h 时,将对椰树正常生产产生较大影响。风速较小时有利于椰子花粉传播,椰树生长良好;当风速达到 10 级以上时,椰子叶片和果实易受影响,当遇到 11 级以上大风时,椰子将出现严重风害。椰子对土壤的适应性较广,只要排水良好,椰子可以在河流冲积物、砖红壤、火山土、盐土、砂土等种植,但在不同土壤会对椰子产量产生较大影响。实践证明:气温和降水是制约椰子种植的主要因子(农牧渔业部热带作物区划办公室,1989)。综合以上影响椰子生长所需的气候条件,选择年平均降水量、最冷月平均气温、最暖月平均气温、极端最低气温平均值、年辐射量、年平均气温、月降水日数 7 个气候因子作为影响椰子种植分布的评价因子。

2)最大熵模型

熵是一个系统具有的不确定度的量度(刘智敏,2010)。Jaynes(1957)于 1957 年提出了最大熵理论,最大熵模型主要是依靠已有的有限信息来预估未知的概率分布。最大熵统计建模是以最大熵理论为基础的一种选择模型的方法,即从符合条件的分布中选择熵最大的分布作为最优的分布(Phillipsa et al.,2006;2008)。因此,可以基于最大熵模型,通过已有适宜椰子种植的站点信息来估计具有同样环境变量的其他站点椰子的存在概率,根据模型计算存在概率的大小,确定适宜椰子种植的可能上限。本研究采用最大熵 MaxEnt 模型实现(http://www.cs.princeton.edu/~schapire/maxent/)。

3)模型精度检验

常用的模型评价指标有总体准确度、特异度、灵敏度、TSS(True Skill Statistic)、Kappa 统计量和 AUC(Area Under Curve)等(王运生 等,2007)。最大熵模型的精度检验采用受试者工作特征曲线 (Receiver Operating Characteristic Curve,ROC)与横坐标围成的面积即 AUC 值来评价模型预测结果的精准度,AUC 值的大小作为模型预测准确度的衡量指标,取值范围为[0,1],值越大表示模型判断力越强。AUC 值取 0.50～0.60 为失败,0.60～0.70 为较差,0.70～0.80 为一般,0.80～0.90 为好,0.90～1.0 为非常好(车乐 等,2014)。通过 MaxEnt 模型和确定的 7 个可能影响椰子种植分布的气候因子,构建椰子种植分布与气候因子的关系模型,通过 MaxEnt 初步测试(取椰子地理分布样本的 75% 做测试,25% 作为验证样本),模型运算的结果的训练集 AUC 值为 0.990,表明所构建的椰子种植分布与气候因子的关系模型的预测精度达到了"非常好"标准,可以用于预测椰子种植区范围。

7.4.2 结果与分析

7.4.2.1 椰子种植气候影响因子分布图

将年平均降水量、最冷月平均温度、最暖月平均温度、极端最低温度平均值、年辐射量、年平均温度、月降水日数 7 个气候因子通过 ArcGIS10.2 软件转换为 ASCII 文件,坐标系统一为 WGS-84,将 7 个气候因子作为环境变量输入到 MaxEnt 模型;将 38 个椰子种植分布点信息按经度和纬度顺序储存成 csv 格式文件,作为训练样本输入 MaxEnt 模型。利用 MaxEnt 模型评价和分析所选取的 7 个气候因子对椰子树种植分布存在重要性。7 个影响因子的重要性排序为:极端最低温度平均值>最冷月平均气温>年平均气温>最暖月平均气温>年平均降水量>年辐射量>月降水日数(图 7-8)。

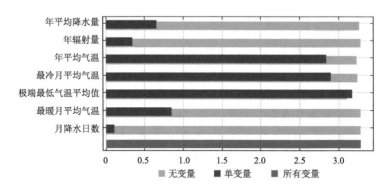

图 7-8　基于 Jackknife 的潜在气候因子对椰子树种植区分布的重要性图

7.4.2.2　椰子气候适宜性区划

根据最大熵模型预测结果,按照等级标准将划分为高适宜区(>0.5)、中适宜区(0.30～0.50)、低适宜区(0.15～0.30)、不适宜区(<0.15)。从图 7-9 可以看出,中国椰子种植的气候适宜区主要集中在海南岛和雷州半岛以南的区域,广东、广西、云南、福建等省大部分均不适宜种植椰子,这主要与椰子树生长对气候因子的要求有关。其中海南椰子树种植的高适宜区分布在海南岛东部和南部区域;中适宜区分布在海南岛的西部和北部;低适宜区分布在儋州的西南部、屯昌的西部等地;不适宜区分布在海南岛中部的五指山、琼中、白沙等地。本方法得到的椰子气候适宜性区划与1989 年农牧渔业部热带作物区划办公室关于中国椰子生态适宜区区划结果基本一致。不适宜区五指山、琼中、白沙等,与林尤河等(2000)的研究结果一致。

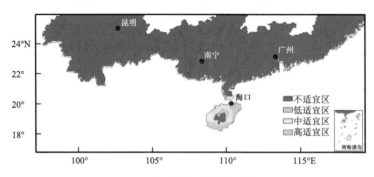

图 7-9　椰子气候适宜性区划图

在椰子实际种植现状表明:中国椰子种植区主要在海南岛。对海南岛而言,椰子种植分布在文昌、琼海、万宁、陵水、三亚等东部雨水较多的市(县)。其中文昌的椰子种植面积最大,占全省种植面积一半以上;海南岛西部和中部的干旱区域椰子种植面积也非常少,椰子产量也非常低。由此可以看出,利用最大熵模型得到椰子种植气候适宜区基本符合中国椰子的种植现状,能客观反映目前椰子种植的实际情况,从一定程度上说明该方法是可行的。

7.4.3　结论与讨论

根据椰子树生长的气候条件,采用最大熵模型开展椰子树种植气候适宜性区划,给出了基于气候资源的椰子种植气候适宜性区划,从宏观上反映了中国椰子生长的空间差异,中国椰子种植适宜区主要集中在海南岛,高适宜区分布在海南岛东部和南部区域,海口、文昌、定安、琼海等地是椰子集中种植的地区;三亚、陵水、乐东和万宁等地是椰子种植第二大主产区(马子龙 等,2020)。通过对比已有研究结果,发现基于最大熵模型确定的椰子种植气候适宜区具有一定的优势,模型充分考虑了各种气候因子的内在相互作用,在一定程度上克服了人为划分评价因子范围的干扰,更加客观给出了椰子种植的气候适宜区空间分布,对指导合理选择有利的区域开展椰子种植具有重要的借鉴意义。

由于本研究仅从宏观上给出的椰子的气候适宜区,对于在不同区域的气象灾害风险未考虑在列,对椰子是否在能正常生长、结果,以及不同生育期内的条件是否适宜,需要开展进一步的研究和验证,以保证区划的正确性。需要说明的是,影响椰子种植的因素不单是气候因子,还需要考虑气象灾害的风险、土壤类型、品种的差异、经营管理和栽培技术的差异等,今后将对此深入研究。由于选择样本数量的限制,区划的结果可能在少部分区域存在偏差。

参考文献

阿布都克日木·阿巴司,努尔帕提曼·买买提热依木,胡素琴,等,2017.新疆巴楚气象因子对棉花
　　发育期及产量的影响分析[J].沙漠与绿洲气象,11(2):88-94.

包云轩,王莹,高苹,等,2012.江苏省冬小麦春霜冻害发生规律及其气候风险区划[J].中国农业气
　　象,33(1):134-141.

蔡尧亲,陈德清,2009.海南冬种瓜菜的发展优势、面临的问题与对策[J].中国瓜菜(2):56-57.

曹雯,段春锋,申双和,2015.1971—2010年中国大陆潜在蒸散变化的年代际转折及其成因[J].生
　　态学报,35(15):5085-5094.

曹雯,申双和,段春锋,2011.西北地区生长季参考作物蒸散变化成因的定量分析[J].地理学报,66
　　(3):407-415.

曹银贵,周伟,王静,等,2010.基于主成分分析与层次分析的三峡库区耕地集约利用对比[J].农业
　　工程学报,21(4):291-296.

车乐,曹博,白成科,等,2014.基于MaxEnt和ArcGIS对太白米的潜在分布预测及适宜性评价[J].
　　生态学杂志,33(6):1-6.

陈碧辉,张平,郝克俊,2008.近50年成都市日照时数变化规律[J].气象科技,36(6):760-763.

陈光能,2017.海南槟榔高产栽培技术[J].中国果菜,37(3):69-71

陈汇林,吴翠玲,曹兵,等,2002.两系杂交水稻不育系南繁气候适应性分析[J].广东气象(2):
　　47-49.

陈君,马子龙,等,2009.世界槟榔产业发展概况[J].中国热带农业(6):32-34

陈龙,2017.荔枝园生产与气候关系分析[J].安徽农学通报,23(18):125-126.

陈尚漠,黄寿波,温福光,等,1988.果树气象学[M].北京:气象出版社.

陈统强,2006.海南杂交早稻减产原因分析及最佳播种期选定[J].中国农业气象,27(2):147-150.

陈统强,2019.海口市气象灾害对荔枝生产的影响及优质高产措施[J].南方农机,50(23):71.

陈文,陈德清,王效宁,等,2006.发挥海南热带气候优势建立两系杂交稻繁殖基地[J].作物杂志
　　(1):26-27.

陈小丽,吴慧,2004.海南岛近42年气候变化特征[J].气象,30(8):27-30.

陈小敏,陈珍莉,陈汇林,2013a.海南岛香蕉种植农业气候区划初探[J].气象研究与应用,34(2):
　　51-53.

陈小敏,陈汇林,陶忠良,2013b.2008年初海南橡胶寒害遥感监测初探[J].自然灾害学报,22(1):
　　24-28.

陈小敏,陈汇林,邹海平,等,2014a.两系杂交水稻不育系南繁精细化气候区划研究[J].中国农学通
　　报,30(24):181-186.

陈小敏,陈汇林,邹海平,2014b.1961—2010年海南岛日照时数时空变化特征分析[J].自然灾害学
　　报,23(1):161-166.

陈修治,陈水森,苏泳娴,等.2012.基于被动微波遥感的2008年广东省春季低温与典型作物寒害研究[J].遥感技术与应用,27(3):387-395.

成林,刘荣花,2017.农学模式在冬小麦产量动态预报中的应用[J].气象与环境科学,40(2):28-32.

崔读昌,1999.关于冻害、寒害、冷害和霜冻[J].中国农业气象,20(1):56-57.

代淑玮,杨晓光,赵孟,等,2011.气候变化背景下中国农业气候资源变化Ⅱ:西南地区农业气候资源时空变化特征[J].应用生态学报,22(2):442-452.

邓文明,林利波,2010.海南省发展莲雾的优势与前景探讨[J].热带农业科学,39(11):62-65.

邓先瑞,汤大清,张永芳,1995.气候资源概论[M].武汉:华中师范大学出版社.

《第二次气候变化国家评估报告》编写委员会,2011.第二次气候变化国家评估报告[M].北京:科学出版社.

刁操铨,1994.作物栽培学各论(南方本)[M].北京:中国农业出版社.

丁丽佳,王春林,郑有飞,等,2011.基于GIS的广东荔枝种植气候区划[J].中国农业气象,32(3):382-387.

丁一汇,任国玉,石广玉,等,2006.气候变化国家评估报告Ⅰ:中国气候变化的历史和未来趋势[J].气候变化研究进展,2(1):3-8.

董旭光,顾伟宗,王静,等,2015.影响山东参考作物蒸散量变化的气象因素定量分析[J].自然资源学报,30(5):810-823.

杜尧东,李春梅,毛慧琴,2006.广东省香蕉与荔枝寒害致灾因子和综合气候指标研究[J].生态学杂志,25(2):225-230.

杜尧东,李春梅,毛慧琴,等,2008a.广东省香蕉寒害综合指数的时空分布特征[J].中国农业气象,29(4):467-471.

杜尧东,李春梅,唐力生,等,2008b.广东地区冬季寒害风险辨识[J].自然灾害学报,17(5):82-86.

段海来,千怀遂,李明霞,等,2010.中国亚热带地区柑桔的气候适宜性[J].应用生态学报,21(8):1915-1925.

段海来,千怀遂,俞芬,等,2008.华南地区龙眼的温度适宜性及其变化趋势[J].生态学报,28(11):5303-5313.

房世波,2011.分离趋势产量和气候产量的方法探讨[J].自然灾害学报,20(6):13-18.

封志明,杨艳昭,丁晓强,等,2004.甘肃地区参考作物蒸散量时空变化研究[J].农业工程学报,20(1):99-103.

冯美利,李杰,曾鹏,等.2009.香水椰子裂果规律初探[J].中国园艺文摘,25(3):25-27.

冯美利,李杰,曾鹏,等.2010.香水椰子裂果率与气候因子的通径分析[J].热带作物学报,31(11):2164-2166.

冯美利,李杰,唐龙祥,2015.香水椰子开花授粉习性与气候因子的相关分析[J].西南农业学报,28(4):1780-1783.

冯美利,刘立云,李杰,2008.海南椰子寒害落裂果调查初报[J].中国南方果树,37(5):49-51.

符辰建,杨翠国,郑卫华,等,2004.低温敏核不育系株1S冷灌繁殖技术[J].杂交水稻,19(1):22-24.

高歌,陈德亮,任国玉,等,2006.1956—2000年中国潜在蒸散量变化趋势[J].地理研究,25(3):

378-387.

高素华,黄增明,张统钦,等,1988.海南岛气候[M].北京:气象出版社.

高素华,1982.模糊综合评判分析农业气候条件[J].数学的实践与认识(1):4-6.

谷晓平,于飞,马建勇,等,2013.贵州省小油桐气候适宜性评价指标分析和区划[J].中国农业气象,34(4):434-439.

郭春明,任景全,张铁林,等,2016.东北地区春玉米生长季农田蒸散量动态变化及其影响因子[J].中国农业气象,37(4):400-407.

郭军,任国玉,2006.天津地区近40年日照时数变化特征及其影响因素[J].气象科技,34(4):415-420.

郭淑敏,陈印军,苏永秀,等,2010.广西香蕉精细化农业气候区划与应用研究[J].中国农学通报,26(24):348-352.

郭笑怡,张洪岩,张正祥,2011.ASTERGDEM与SRTM3数据质量精度对比分析[J].遥感技术与应用,26(3):334-339.

郭永芳,查良松,2010.安徽省洪涝灾害风险区划及成灾面积变化趋势分析[J].中国农业气象,31(1):130-136.

郭玉清,张汝,1980.气象条件与橡胶树产胶量的关系[J].云南热作科技(1):8-11.

海南省统计局,国家统计局海南调查总队,2010—2019.海南统计年鉴[M].北京:中国统计出版社.

韩剑,罗仕争,李海明,2009.海南莲雾的高产栽培技术[J].中国南方果树,38(5):40-43.

韩联健,徐月发,2000.海南岛椰子寒害落裂果情况的调查与分析[J].热带农业科学(6):1-2.

何癸,傅德平,赵志敏,等,2008.基于GIS的新疆降水空间插值方法分析[J].水土保持研究,15(6):35-37.

何春生,2004.海南岛50年来气候变化的某些特征[J].热带农业科学,24(4):19-24,41.

侯英雨,张艳红,王良宇,等,2013.东北地区春玉米气候适宜度模型[J].应用生态学报,24(11):3207-3212.

胡加谊,罗志文,何凡,等,2012.海南黑金刚莲雾四季生产技术[J].中国园艺文摘(11):148-150.

胡琦,潘学标,邵长秀,等,2014.1961—2010年中国农业热量资源分布和变化特征[J].中国农业气象,35(2):119-127.

胡晓雪,杨荣萍,陈贤,等,2008.莲雾的产期调节[J].福建果树(4):48-51.

扈海波,董鹏捷,潘进军,2011.基于灾损评估的北京地区冰雹灾害风险区划[J].应用气象学报,22(5):612-620.

华敏,范鸿雁,张治礼,等,2013.不良气候条件对海南芒果反季节生产的影响及预防措施[J].中国热带农业,50(1):16-18.

华南热带作物学院,1989.橡胶栽培学[M].北京:农业出版社.

环海军,杨再强,刘岩,等,2015.鲁中地区参考作物蒸散量时空变化特征及主要气象因子的贡献分析[J].中国农业气象,36(6):692-698.

黄崇福,郭君,艾福利,等,2013.洪涝灾害风险分析的基本范式及其应用[J].自然灾害学报,22(4):11-23.

黄崇福,刘新立,周国贤,等.1998.以历史灾情资料为依据的农业自然灾害风险评估方法[J].自然灾害学报,7(2):1-9.

黄汉驹,曹红星,张如莲,2013.油棕抗寒性研究进展[J].热带农业科学,33(5):60-63.

黄鹤丽,林电,章金强,等,2009.水分胁迫对巴西香蕉幼苗叶片生理特性的影响[J].热带作物学报,30(4):485-488.

黄璜,1996.中国红黄壤地区作物生产的气候生态适应性研究[J].自然资源学报,11(4):340-345.

黄丽云,范海阔,周焕起,等,2009.2008年海南省椰子寒害调查[J].中国果树(2):66-68.

黄诗峰,徐美,陈德清,2001.GIS支持下的河网密度提取及其在洪水危险性分析中的应用[J].自然灾害学报,10(4):129-132.

黄世兴,杨小丽,刘治昆,等,2018.乐东黎族自治县椰子适宜造林区域分析[J].热带林业,46(2):56-58.

黄永璘,苏永秀,钟仕全,等,2012.基于决策树的香蕉气候适宜性区划[J].热带气象学报,28(1):140-144.

霍治国,李世奎,王素艳,等,2003.主要农业气象灾害风险评估技术及其应用研究[J].自然资源学报,18(6):692-703.

姬兴杰,朱业玉,顾万龙,2013.河南省参考作物蒸散量变化特征及其气候影响分析[J].中国农业气象,34(1):14-22.

吉志红,陈敏,张心令,2015.基于GIS的三门峡市苹果种植气候适宜性区划[J].气象与环境科学,38(1):61-66.

贾金明,吴建河,徐巧真,等,2007.河南日照变化特征及成因分析[J].气象科技,35(5):655-660.

姜毅,2017.气象灾害对海口市荔枝生产的影响及栽培对策[J].乡村科技,(28):72-73.

蒋爱军,郑敏,1998.江苏省重要气象灾害综合评估方法的研究[J].气象科学,18(2):196-201.

蒋礼珍,1995.香蕉种植中的几个气象问题及生产对策[J].广西气象,16(3):44-45.

矫梅燕,2014.气候变化对中国农业影响评估报告[M].北京:社会科学文献出版社.

金志凤,叶建刚,杨再强,等,2014.浙江省茶叶生长的气候适宜性[J].应用生态学报,25(4):967-973.

阚丽艳,谢贵水,陶忠良,等,2009.海南省2007/2008年冬橡胶树寒害情况浅析[J].中国农学通报,25(10):251-257.

柯佑鹏,过建春,张锡炎,等,2012.2012年我国香蕉产业发展趋势与建议[J].中国果业信息,5:23-25.

黎启仁,文振德,1995.气象因子对芒果产量的影响[J].中国农业气象(1):13-15.

李娜,霍治国,贺楠,等,2010.华南地区香蕉、荔枝寒害的气候风险区划[J].应用生态学报,21(5):1244-1251.

李国尧,王权宝,李玉英,等,2014.橡胶树产胶量影响因素[J].生态学杂志,33(2):51-517.

李海亮,戴声佩,陈帮乾,2016.基于HJ-1A/1B数据的天然橡胶干旱监测[J].农业工程学报,32(23):176-182

李昊宇,王建林,郑昌玲,等,2012.气候适宜度在华北冬小麦发育期预报中的应用[J].气象,38(12):1554-1559

李军玲,刘忠阳,邹春辉,2010.基于GIS的河南省洪涝灾害风险评估与区划研究[J].气象,36(2):

87-92.

李蒙,朱勇,吉文娟,2012.基于 GIS 的云南烟区冰雹灾害风险评价[J].中国农业气象,33(1):
　　129-133.

李娜,霍治国,贺楠,等,2010.华南地区香蕉、荔枝寒害的气候风险区划[J].应用生态学报,21(5):
　　1244-1251.

李树岩,陈怀亮,2014.河南省夏玉米气候适宜度评价[J].干旱气象,32(5):751-759

李树岩,余卫东,2015.基于气候适宜度的河南省夏玉米产量预报研究[J].河南农业大学学报,49
　　(1):27-34

李天富,2002.海南岛气象辐射的年变化特点[J].气象,28(11):45-48.

李伟光,侯美亭,陈汇林,等,2012.基于标准化降水蒸散指数的华南干旱趋势研究[J].自然灾害
　　学,4:84-90.

李晓文,李维亮,周秀骥,1998.中国近 30 年太阳辐射状况研究[J].应用气象学报,9(1):24-31.

李艳兰,何如,杜尧东,2012.华南区域太阳总辐射的时空变化特征[J].可再生能源,30(1):13-16.

李英杰,延军平,王鹏涛,2016.北方农牧交错带参考作物蒸散量时空变化与成因分析[J].中国农
　　业气象,37(2):166-173.

李勇,2014.莲雾高效安全栽培管理技术[J].农业研究与应用,151(2):53-56.

李勇,杨晓光,王文峰,等,2010a.气候变化背景下中国农业气候资源变化Ⅰ:华南地区农业气候资
　　源时空变化特征[J].应用生态学报,21(10):2605-2614.

李勇,杨晓光,王文峰,等,2010b.全球气候变暖对中国种植制度可能影响Ⅴ:气候变暖对中国热带
　　作物种植北界和寒害风险的影响分析[J].中国农业科学,43(12):2477-2484.

李跃清,2002.近 40 年青藏高原东侧地区云、日照、温度及日较差的分析[J].高原气象,21(3):
　　327-331.

梁伟红,罗微,刘燕群,等,2013.海南冬季瓜菜产业风险及可持续发展对策研究[J].江苏农业科
　　学,41(10):431-433.

梁轶,李星敏,周辉,等,2013.陕西油菜生态气候适宜性分析与精细化区划[J].中国农业气象,34
　　(1):50-57.

廖镜思,陈清西,1990.香蕉生长发育与温度和降雨量的相关分析[J].福建农林大学学报(自然科
　　学版),19(1):35-40.

廖玉芳,彭家栋,崔巍,2012.湖南农业气候资源对全球气候变化的响应分析[J].中国农学通报,28
　　(8):287-293.

林贵美,李小泉,江文,等,2011.2011 年云南省香蕉寒害调查[J].中国热带农业,6:50-52.

林善枝,陈晓敏,蔡世英,等,2001.低温锻炼对香蕉幼苗能量代谢和抗冷性效应的研究[J].热带作
　　物学报,22(2):17-22.

林尤河,谢国干,张海林,等,2000.椰子的生态特性与生产基地的选择[J].海南大学学报(自然科
　　学版),18(2):155-158.

刘玲,高素华,黄增明,2003.广东冬季寒害对香蕉产量的影响[J].气象,29(10):46-50.

刘峰,黄群策,1996.光温敏核不育水稻秋季割茬再生繁殖的研究[J].杂交水稻,11(3):3-5.

刘昌明,张丹,2011.中国地表潜在蒸散发敏感性的时空变化特征分析[J].地理学报,66(5):

579-588.

刘海,肖应辉,唐文邦,等,2011.水稻两用核不育系繁殖基地计算机选择系统研制与应用[J].作物学报,37(5):755-763.

刘锦銮,杜尧东,毛慧琴,2003.华南地区荔枝寒害风险分析与区划[J].自然灾害学报,12(3):126-130.

刘锦銮,1996.广东芒果生产的农业气候区划及合理布局[J].广东农业科学(5):20-22.

刘流,2004.广西名特优水果气候适应性分析及种植区划[J].中国农业气象,25(4):60-63.

刘少军,房世波,2015e.海南岛天然橡胶气候适宜性及变化趋势分析——以第一蓬叶生长期为例[J].农业现代化研究,36(6):1062-1066.

刘少军,黄彦彬,李天富,等,2007.基于 MODIS 的海南岛植被指数变化的驱动因子分析[J].云南地理环境研究,19(1):56-59.

刘少军,吴胜安,2015a.海南岛近千年热带气旋灾害时空分布特征[J].中国农学通报,31(23):194-197.

刘少军,张京红,蔡大鑫,等.2014.台风对天然橡胶影响评估模型研究[J].自然灾害学报,23(1):155-160.

刘少军,张京红,蔡大鑫,等,2016.Landsat 8 在橡胶林台风灾害监测中的应用[J].自然灾害学报,25(2):53-58.

刘少军,周广胜,房世波,2015b.1961—2010 年中国橡胶寒害的时空分布特征[J].生态学杂志,34(5):1282-1288.

刘少军,周广胜,房世波,2015c.中国橡胶树种植气候适宜性区划[J].中国农业科学,48(12):2335-2345.

刘少军,周广胜,房世波,2015d.1961—2010 年中国橡胶寒害的时空分布特征[J].生态学杂志,34(5):1282-1288.

刘琰琰,李海燕,陈超,等,2015.攀西地区烤烟气候适宜性评价指标建立及应用[J].四川农业大学学报,33(20):299-305

刘长全,2006.香蕉寒害研究进展[J].果树学报,23(3):448-453.

刘智敏,2010.扩展最大熵原理及其在不确定度中的应用[J].中国计量学院学报,21(1):1-4.

柳唐镜,张棵,2011.海南省冬季瓜菜生产主导品种和主推技术[J].中国蔬菜(3):34-35.

娄伟平,吴利红,邱新法,等,2009a.柑桔农业气象灾害风险评估及农业保险产品设计[J].自然资源学报,24(6):1030-1040.

娄伟平,吴利红,倪沪平,等,2009b.柑橘冻害保险气象理赔指数设计[J].中国农业科学,42(4):1339-1347.

罗天虎,2014.基于 GIS 的赤水市金钗石斛农业气候区划[J].气象与环境科学,37(2):70-73.

罗云峰,吕达仁,何晴,等,2000.华南沿海地区太阳直接辐射、能见度及大气气溶胶变化特征分析[J].气候与环境研究,5(1):36-44.

吕青,柯用春,何志军,等,2017.南繁制种水稻基地现状以及问题分析[J].农村经济与科技,28(20):24-25.

马宁,王乃昂,王鹏龙,等,2012.黑河流域参考蒸散量的时空变化特征及影响因素的定量分析[J].

自然资源学报,27(6):975-989.

马玉坤,张培群,王式功,等,2015.华南前汛期夏季风降水开始日期的确定[J].干旱气象,33(2):
　　332-339.

马柱国,华丽娟,任小波,2003.中国近代北方极端干湿事件的演变规律[J].地理学报,58(增刊):
　　69-74.

马子龙,覃伟权,唐龙祥,2020.海南省椰子优势区域布局[EB/OL].http://trop.agridata.cn/a05/
　　showarticle.asp?articleid=38221,2020-02-10.

毛熙彦,蒙吉军,康玉芳,2012.信息扩散模型在自然灾害综合风险评估中的应用与扩展[J].北京
　　大学学报(自然科学版),48(3):513-518.

莫建飞,陆甲,李艳兰,等,2012.基于GIS的广西农业暴雨洪涝灾害风险评估[J].灾害学,27(1):
　　38-43.

农牧渔业部热带作物区划办公室,1989.中国热带作物种植业区划[M].广州:广东科技出版社.

庞庭颐,宾士益,陈进民,1991.广西香蕉越冬气候条件与香蕉气候区划[J].广西气象,12(1):
　　30-34.

裴开程,游发毅,徐强君,2009.台湾莲雾在防城区种植的气象条件分析[J].气象研究与应用,30
　　(2):50-52.

彭云峰,王琼,2011.近50年福建省日照时数的变化特征及其影响因素[J].中国农业气象,32(3):
　　350-355.

普宗朝,张山青,2011.近48年新疆夏半年参考作物蒸散量时空变化[J].中国农业气象,32(1):
　　67-72.

邱志荣,刘霞,王光琼,等,2013.海南岛天然橡胶寒害空间分布特征研究[J].热带农业科学,33
　　(11):67-69

曲曼丽,1991.农业气候实习指导[M].北京:中国农业大学出版社.

任国玉,郭军,徐铭志,等,2005.近50年中国地面气候变化基本特征[J].气象学报,63(6):
　　942-952.

任义方,赵艳霞,王春乙,2011.河南省冬小麦干旱保险风险评估与区划[J].应用气象学报,22(5):
　　537-548.

盛绍学,霍治国,石磊,2010a.江淮地区小麦涝渍灾害风险评估与区划[J].生态学杂志,29(5):
　　985-990.

盛绍学,石磊,刘家福,等,2010b.沿淮湖泊洼地区域暴雨洪涝风险评估[J].地理研究,29(3):
　　416-422.

宋迎波,王建林,陈晖,等,2008.中国油菜产量动态预报方法研究[J].气象,34(3):93-99.

宋迎波,王建林,李昊宇,等,2013.冬小麦气候适宜诊断指标确定方法探讨[J].气象,39(6):
　　768-773.

苏永秀,李政,丁美花,等,2005.基于GIS的广西沙田柚种植气候区划研究[J].果树学报,22(5):
　　500-504

苏永秀,李政,孙涵,2007.基于GIS的南宁市细网格立体农业气候资源分析研究[J].气象科学,27
　　(4):381-386.

苏永秀,李政,2002.GIS 支持下的芒果种植农业气候区划[J].广西气象,23(1):46-48.

苏章城,陈淑丽,陈坚,等,2006.黑珍珠莲雾栽培技术[J].中国南方果树,35(3):37-38.

孙瑞,吴志祥,陈邦乾,等,2016.近 55 年海南岛气候要素时空分布与变化趋势[J].气象研究与应用,37(2):1-7.

谭方颖,宋迎波,毛留喜,等,2016.东北地区玉米气候适宜评价指标的确定与验证[J].干旱地区农业研究,34(5):234-239

谭宗琨,韦饶治,丘泗杰,2006a.广西早熟荔枝果实热害调查及其成因分析[J].中国农业气象(4):349-353.

谭宗琨,何燕,欧钊荣,等,2006b."禾荔"荔枝果实发育进程与温度条件的关系[J].气象,32(12):96-101.

唐为安,田红,杨元建,等,2012.基于 GIS 的低温冷冻灾害风险区划研究—以安徽省为例[J].地理科学,32(3):356-361.

唐文邦,陈势,肖应辉,等,2007.水稻光温敏核不育系 C815S 的特征特性及其海南冬季繁殖技术[J].杂交水稻,22(3):25-28.

唐文邦,肖应辉,邓化冰,等,2010.水稻两用核不育系 C185S 繁殖特性研究[J].种子,29(9):7-14.

陶忠良,1997.海南岛 80 年代气候变化及其对热带作物的影响[J].热带农业科学(1):49-54.

王春乙,张亚杰,张京红,等,2016.海南省芒果寒害气象指数保险费率厘定及保险合同设计研究[J].气象与环境科学,39(1):108-113.

王春乙,潘亚茹,白月明,等,1994.北京冬小麦产量预报的一种建模方案[J].气象学报(2):223-230.

王春乙,2014.海南气候[M].北京:气象出版社.

王鼎祥,1985.寒潮对海南岛的影响[J].热带地理,5(3):149-156.

王刚,郭德勇,2012.用信息扩散理论分析高海拔、寒、旱地区矿山事故风险[J].北京科技大学学报,34(5):495-499.

王华,胡飞,黄俊,2014.基于 GIS 的广东冬种辣椒气候适宜性区划[J].气象与环境科学,37(3):76-80.

王建荣,王祝年,2007.海南槟榔栽培技术[J].中国热带农业(4):54-55

王劲松,张强,王素萍,等,2015.西南和华南干旱灾害链特征分析[J].干旱气象,33(2):187-194.

王丽媛,于飞,2011.农业气象灾害风险分析及区划研究进展[J].贵州农业科学,39(11):84-88

王利溥,1995.经济林气象[M].昆明:云南科技出版社.

王菱,谢贤群,李运生,等,2004.中国北方地区 40 年来湿润指数和气候干湿带界线的变化[J].地理研究,23(1):45-54.

王鹏涛,延军平,蒋冲,等,2014.华北平原参考作物蒸散量时空变化及其影响因素分析[J].生态学报,34(19):5589-5599.

王琼,张明军,潘淑坤,等,2013.长江流域潜在蒸散量时空变化特征[J].生态学杂志,32(5):1292-1302.

王荣英,李新,陈瑞敏,等,2013.衡水市参考作物蒸散量的时空变化特征及其气候成因[J].中国农业气象,34(3):294-300.

王胜,田红,党修伍,等,2017.安徽淮北平原冬小麦气候适宜度分析及作物年景评估[J].气候变化研究进展,13(3):253-261

王素艳,霍治国,李世奎,等,2005.北方冬小麦干旱灾损风险区划[J].作物学报,31(3):267-274.

王晓东,马晓群,许莹,等,2013.淮河流域参考作物蒸散量变化特征及主要气象因子的贡献分析[J].中国农业气象,34(6):661-667.

王云惠.2006.热带南亚热带果树栽培技术[M].海口:海南出版社:38-71.

王运生,谢丙炎,万方浩,等.2007.ROC曲线分析在评价入侵物种分布模型中的应用[J].生物多样性,15(4):365-372.

魏瑞江,李春强,姚树然,2006.农作物气候适宜度实时判定系统[J].气象科技,34(2):229-232

魏守兴,陈业渊,谢子四,2004.海南省香蕉优势区域发展布局[J].热带农业科学,24(6):27-30.

温克刚,吴岩峻,2008.中国气象灾害大典(海南卷)[M].北京:气象出版社.

吴定尧,张海岚,1997.妃子笑荔枝的特性[J].中国南方果树(5):26-27.

吴东丽,王春乙,薛红喜,等,2011.华北地区冬小麦干旱风险区划[J].生态学报,31(3):760-769.

吴利红,娄伟平,姚益平,等,2010.水稻农业气象指数保险产品设计——以浙江省为例[J].中国农业科学,43(23):4942-4950.

吴胜安,李伟光,2013.海南主要城市热岛效应对气候变化的贡献[J].海南气象,5(2):5-8.

吴胜安,张永领,杨金虎,2006.海南岛最高和最低气温的非对称变化[J].热带气象学报,22(6):667-671.

吴文玉,马晓群,2009.基于GIS的安徽省气温数据栅格化方法研究[J].中国农学通报,25(2):263-267.

吴岩峻,2008.不同天气系统对海南岛降水的贡献及其变化的研究[D].兰州:兰州大学.

武增海,李涛,2013.高新技术开发区综合绩效空间分布研究——基于自然断点法的分析[J].统计与信息论坛,28(3):82-88.

向晓明,2007.海南岛水资源基本特点及影响可持续发展的主要因素初探[J].海南师范大学学报(自然科学版),20(1):80-83.

肖春芬,2003.优质热带水果—莲雾[J].中国南方果树,32(1):30.

肖敏源,1963.热带作物栽培[M].北京:农业出版社:32.

肖应辉,唐文邦,罗丽华,等,2007.水稻低温敏核不育系海南冬繁气象条件分析[J].杂交水稻,22(4):18-21.

谢碧霞,张美琼,1995.野生植物资源开发与利用学[M].北京:中国林业出版社.

徐华军,杨晓光,王文峰,等,2011.气候变化背景下中国农业气候资源变化Ⅶ:青藏高原干旱半干旱区农业气候资源变化特征[J].应用生态学报,22(7):1817-1824.

徐孟亮,梁满中,刘贵权,等,2003.双低光温敏核不育水稻96-5-2S冷水灌溉繁殖技术研究[J].应用生态学报,14(8):1305-1308.

许格希,郭泉水,牛树奎,等,2013.近50年来海南岛不同气候区气候变化特征研究[J].自然资源学报,28(5):799-810.

许吟隆,郑大玮,刘晓英,等,2014.中国农业适应气候变化关键问题研究[M].北京:气象出版社:115-116.

薛进军,陆焕春,王海松,等,2008.2008 年南宁市荔枝和龙眼冷害调查及促进荔枝灾后成花措施[J].中国果树,5:66-67,71.

晏路明,2000.区域粮食总产量预测的灰色动态模型群[J].热带地理(1):53-57.

杨福孙,温春生,陈秋波,等,2009.海南琼海、万宁市几种热带水果高新种植技术调研[J].热带农业工程,33(2):56-58.

杨馥祯,吴胜安,2007.近 39 年海南岛极端天气事件频率变化[J].气象,33(3):107-113.

杨建平,丁永建,陈仁升,等.2002.近 50 年来中国干湿气候界线的 10 年际波动[J].地理学报,57(6):655-661.

杨凯,陈福梓,林晶,等,2015.福建省引种台湾莲雾的寒冻害等级指标初探[C]∥第 32 届中国气象学会年会:1-4.

杨铨,1987.几种气象因子与产胶量的关系[J].中国农业气象(1):42-44.

杨荣萍,陈贤,张宏,等,2009.莲雾研究进展[J].中国果菜(1):41-44.

杨少琼,莫业勇,范恩伟,1995.台风对橡胶树的影响[J].热带作物学报,16(1):17-28.

杨太明,陈晓艺,2001.安徽省棉花生长气候条件分析及产量预报模式研究[J].中国生态农业学报(4):92-94.

杨星卫,薛正平,陆贤,1994.水稻遥感动力估产模拟初探[J].环境遥感(4):280-286.

易雪,王建林,宋迎波,2010.气候适宜指数在早稻产量动态预报上的应用[J].气象,36(6):85-89.

于飞,谷晓平,罗宇翔,等,2009.贵州农业气象灾害综合风险评价与区划[J].中国农业气象,30(2):267-270.

于泸宁,李伟光,1985.农业气候资源分析和利用[M].北京:气象出版社:1-2.

于文金,闫永刚,吕海燕,等,2011.基于 GIS 的太湖流域暴雨洪涝灾害风险定量化研究[J].灾害学,26(4):1-7.

袁海燕,张晓煜,徐华军,等,2011.气候变化背景下中国农业气候资源变化:宁夏农业气候资源变化特征[J].应用生态学报,22(5):1247-1254.

袁良,何金海,2013.两类 ENSO 对我国华南地区冬季降水的不同影响[J].干旱气象,31(1):24-31.

袁隆平,1987.杂交水稻的育种战略设想[J].杂交水稻(1):1-3.

袁淑杰,谷晓平,缪启龙,等,2010.基于 DEM 的复杂地形下平均气温分布式模拟研究以贵州高原为例[J].自然资源学报,25(5):859-867.

张勃,张调风,2013.1961—2010 年黄土高原地区参考作物蒸散量对气候变化的响应及未来趋势预估[J].生态学杂志,3(3):733-740.

张彩霞,2016.气候变化背景下南方主要种植制度的气候适宜性研究[D].南昌:江西农业大学.

张承林,付子轼,2005.水分胁迫对荔枝幼树根系与梢生长的影响[J].果树学报,22(4):339-342.

张洪玲,宋丽华,刘赫男,等,2012.黑龙江省暴雨洪涝灾害风险区划[J].中国农业气象,33(4):623-629.

张会,张继权,韩俊山,2005.基于 GIS 技术的洪涝灾害风险评估与区划研究:以辽河中下游地区为例[J].自然灾害学报,14(6):141-146.

张继权,冈田宪夫,多多纳裕一,2006.综合自然灾害风险管理:全面整合的模式与中国的战略选择[J].自然灾害学报,15(1):29-37.

张建军,马晓群,许莹,2013.安徽省一季稻生长气候适宜性评价指标的建立与试用[J].气象,39(1):88-93.

张京红,刘少军,2013.基于 GIS 的海南岛橡胶林风害评估技术及应用[J].自然灾害学报,22(4):175-181.

张京红,陶忠良,刘少军,等,2012.采用可拓学方法进行橡胶林风害影响评估-以 1108 号强热带风暴"洛坦"为例[J].热带作物学报,33(5):945-949.

张京红,田光辉,蔡大鑫,等,2010.基于 GIS 技术的海南岛暴雨洪涝灾害风险区划[J].热带作物学报,31(6):1014-1019.

张婧,郝立生,许晓光,2009.基于 GIS 技术的河北省洪涝灾害风险区划与分析[J].灾害学,24(2):51-56.

张莉莉,2012.基于 GIS 的海南岛橡胶种植适宜性区划[D].海口:海南大学.

张绿萍,蔡永强,金吉林,等,2012.莲雾不同种的低温半致死温度及抗冷适应性[J].果树学报,29(2):291-295.

张梅芳,陈守智,陈曦,2009.云南芒果种植气候生态适应性的统计分析[J].黑龙江农业科学(1):68-69

张明洁,张京红,刘少军,等,2014.基于 FY-3A 的海南岛橡胶林台风灾害遥感监测——以"纳沙"台风为例[J].自然灾害学报,23(3):86-92.

张雪芬,毛留喜,陈怀亮,1996.河南省夏玉米农学模式产量预报[J].河南气象(2):22-23.

赵国祥,岳建伟,张光勇,2006.槟榔的研究开发状况及市场发展前景[J].中国热带农业(6):17-19.

赵俊芳,郭建平,徐精文,等,2010.基于湿润指数的中国干湿状况变化趋势[J].农业工程学报,26(8):18-24.

赵丽,黄海杰,2012.我国腰果研究概况[J].中国南方果树,41(2):41-46,77.

赵娜,刘树华,杜辉,等,2012.城市化对北京地区日照时数和云量变化趋势的影响[J].气候与环境研究,17(2):233-243.

赵志平,张阳梅,原慧芳,等,2013.西双版纳莲雾抗寒性比较试验[J].热带农业科技,36(1):29-33.

郑景云,尹云鹤,李炳元,2010.中国气候区划新方案[J].地理学报,65(1):3-12.

郑小琴,李丽容,杨锡琼,等,2014a.灾害天气对长泰县莲雾生产的影响及防御[J].亚热带农业研究,10(1):48-50.

郑小琴,杨凯,2014b.福建省长泰县热带果树冬季低温冻害分析及气候区划[J].农业灾害研究,(1):40-41.

郑祚芳,张秀丽,丁海燕,2012.近 50 年北京地区主要灾害性天气事件变化趋势[J].自然灾害学报,1:47-52.

植石群,周世怀,张羽,2002.广东省荔枝生产的气象条件分析和区划[J].中国农业气象(1):21-25.

植石群,刘锦銮,杜尧东,等,2003.广东省香蕉寒害风险分析[J].自然灾害学报,12(2):113-116.

中国气象局,2006.气象干旱等级[S].北京:中国标准出版社.

中国气象局,2007.香蕉、荔枝寒害等级[S].北京:气象出版社.

《中国气象灾害大典》编委会,2008.中国气象灾害大典·海南卷[M].北京:气象出版社.

中国热带农业科学院,华南热带农业大学,1998.中国热带作物栽培学[M].北京:中国农业出版社.

周成虎,万庆,黄诗峰,等,2000.基于 GIS 的洪水灾害风险区划研究[J].地理学报,55(1):15-24.

周承恕,刘建兵,张克明,1996.利用海南春季低温条件提纯水稻低温敏核不育系[J].杂交水稻(5):32-33.

周红玲,郑加协,陈石,2011.莲雾周年生产栽培技术[J].中国热带农业,42(5):92-94.

周慧琴,戴小笠,唐红艳,2001.宁夏灌区粮食趋势产量预报方法的探讨[J].宁夏农林科技(4):24-25.

周鹏,杨福孙,陈汇林,等,2013.海南岛旱季气候变化对冬季瓜菜生产的影响[J].热带作物学报,34(6):1054-1059.

周世怀,植石群,2000.两系法水稻制种安全期气候分析[J].中国农业气象,21(4):23-28.

周淑贞,1997.气象学与气候学[M].北京:高等教育出版社:11.

周文忠,2008.槟榔抗旱高产栽培技术[J].热带农业科学,28(1):77-78

周晓东,朱启疆,孙中平,等,2002.中国荒漠化气候类型划分方法的初步探讨[J].自然灾害学报,11(2):125-131.

周兆德,2010.热带作物环境资源与生态适宜性研究[M].北京:中国农业出版社:234-245.

朱乃海,吴慧,陈汇林,等,2008.重度低温阴雨天气对海南农业的影响及减灾措施[J].中国热带农业,2:10-11.

朱自慧,2003.世界可可业概况与发展海南可可业的建议[J].热带农业科学,23(3):28-33.

邹海平,王春乙,张京红,等,2013.海南岛香蕉寒害风险区划[J].自然灾害学报,22(3):130-134.

ADZEMI M A,MUSTIKA E A,AHMAD F A,2013. Evaluation of climate suitability for rubber (Heveabrasiliensis) cultivation in Peninsular Malaysia[J]. Journal of Environmental Science and Engineering(A2):293-298.

ALLEN R G,PEREIRA L S,RAES D,et al,1998. Crop evapotranspiration :guidelines for computing crop water requirements[M]. Rome:Food and Agriculture Organization of United Nations,1-300.

DOORENBOS J,PRUITT W O,1977. Guidelines for predicting crop water requirements[J]. Food and Organization United Nations,FAO Irrigation and Drainage Paper 24,2nd edn. Rome.

GAO G,CHEN D L,REN G Y,2006. Spatial and temporal variations and controlling factors of potential evapotranspiration in China:1956-2000[J]. January of Geographical Sciences,16(1):3-12.

IPCC,2007. Climate change 2007:Synthesis report[R]. Oslo:Intergovernmental Panel on Climate Change,30.

JAYNES ET,1957. Information theory and statistical mechanics[J]. Physical Review,106(4):620-630.

NANDAGIRI L,KOVOOR G M,2006. Performance evaluation of reference evapotranspiration equations across a range of Indian climates[J]. Journal of Irrigation and Drainage Engineering-asce,132(3):238-249.

PHILLIPS S J,DUDdiK M,2008. Modeling of species distributions with Maxent:new extensions and a comprehensive evaluation[J]. Ecography,31(2):161-175.

PHILLIPSA S J,ANDERSON R P,SCHAPIRED R E,2006. Maximum entropy modeling of species geographic distributions[J]. Ecological Modelling,190(3-4):231-259.

YIN Y H,WU S H,DAI E F,2010. Determining factors in potential evapotranspiration changes over China in the period 1971-2008[J]. Chinese Science Bulletin,55(29):3329-3337.